Par RÉNÉ LEBLANC

Inspecteur général de l'Instruction publique pour l'[...]
manuel et expérimental.

Expériences
SCIENTIFIQUES & AGRICOLES

POUR L'ÉCOLE PRIMAIRE

Commentaire illustré des Programmes officiels.

60 GRAVURES

DEUXIÈME ÉDITION

PARIS — LIBRAIRIE LAROUSSE

ENSEIGNEMENT AGRICOLE

A L'ÉCOLE PRIMAIRE

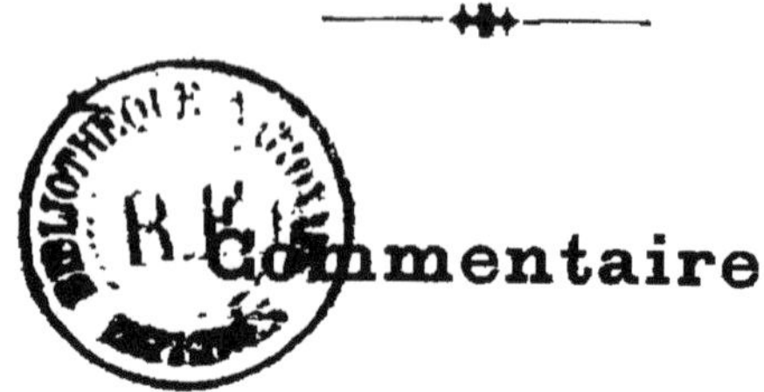

Commentaire

DES

PROGRAMMES OFFICIELS

Indication des expériences à faire ou à expliquer soit à l'école du jour, soit dans les veillées instructives à la campagne.

Chacune des figures illustrant ce commentaire est la reproduction fidèle d'une photographie ou d'un croquis exact pris sur nature.

Les expériences qui vont être indiquées sont détaillées dans l'*Introduction à l'Enseignement agricole*; Cours supérieur [1], etc. Celles de physique et de chimie conviennent à toutes les écoles rurales ou urbaines; pour les réaliser, un petit matériel est nécessaire, en outre des ustensiles ordinaires qu'on trouve partout. Ce matériel spécial se compose des objets suivants qu'on peut se procurer, aux prix indiqués, chez la plupart des droguistes, marchands de produits chimiques, etc.

---

1. Au Cours moyen, l'enseignement scientifique et agricole se bornera à des lectures expliquées, accompagnées de quelques démonstrations très simples. LE LIVRE D'AGRICULTURE de M. Cunisset-Carnot (Librairie Larousse) est un des meilleurs à recommander à cet effet; l'enseignement qu'il représente est celui par lequel il faut commencer; tous les maîtres peuvent et doivent le donner. Dans les classes d'élite, on continuera par l'enseignement réellement scientifique que nous préconisons et qui doit peu à peu s'établir dans toutes les bonnes écoles.

OBJETS NÉCESSAIRES

pour la confection des appareils.

	fr. c.
Tubes de verre de 6 à 8 millimètres, le kilogramme (il y a environ 20 tubes d'un mètre de long au kilogr.)	1 80
Tubes en caoutchouc (même diamètre), le demi-mètre	» 50
Bouchons de caoutchouc, à 1, 2, 3 trous, la pièce :	
Nº 4, diamètre 15 mm	» 15
— 6, — 20 —	» 25
— 9, — 25 —	» 40
Tubes à essai, la pièce	» 10
Ballons à fond rond ou plat, de 100 c.c., la pièce	» 15
— de 250 — —	» 20
— de 500 — —.	» 35
— de 1 litre —	» 40
Goulots et entonnoirs, même prix que les ballons pour la même capacité.	
Verres à expériences (à pied et à bec) de 185 c.c., la pièce	» 30
— de 250 — —	» 45
— de 1/2 litre —	» 75
Lime triple pour bouchons de liège	1 25
Lampe à mèche plate	1 »
Lampe Balard en cuivre, avec accessoires	3 50
Bec Leblanc — —	3 50

(La lampe à alcool Balard et le bec à gaz Leblanc sont construits sur le même modèle ; tous deux sont pourvus d'un chalumeau central, d'un couronnement pour flamme large et plate, d'un trépied, d'un triangle, d'une toile métallique et d'une pince.)

Sous le nom de *Nécessaire expérimental des écoles primaires*, on trouve, à la *Société centrale*, 44, rue des Écoles, à Paris, une petite caisse renfermant les objets suivants :

5 ballons, 3 goulots à *cols de même diamètre* [1], 4 bouchons de caoutchouc, 2 entonnoirs, 2 verres à expériences ; le tout de grandeurs assorties ; 250 gr. de tubes de verre et de tubes de caoutchouc, 6 tubes à essai, une lampe Balard, une lime triple pour bouchons, du papier à filtrer et les produits suivants : chlorate de potasse, oxyde de manganèse, acide chlorhydrique, ammoniaque, chlorhydrate d'ammoniaque, zinc métallique, sodium coulé dans un flacon et fragments pour l'usage, tournesol.

La caisse expédiée *franco* en colis postal coûte 20 francs ; son contenu suffit aux principales expériences.

On trouve également, à la même adresse, et dans la plupart des maisons similaires, les engrais chimiques indiqués pour les cultures démonstratives (page 135).

---

1. En choisissant les goulots de même diamètre à l'ouverture, le même bouchon muni de ses tubes peut s'adapter à chacun des flacons.

COURS MOYEN

On ne peut commencer, avec profit, l'enseignement expérimental avant l'âge de dix ou onze ans. Voici l'indication des expériences à réaliser en classe sur les sujets inscrits au programme officiel (V. page 168) dans l'année qui précédera le cours supérieur.

I. Les trois états des corps.

Montrer des solides et des liquides; citer d'autres exemples. Établir la différence (et en faire saisir la cause) entre le même corps, solide dans un cas (glace, huile figée, stéarine des bougies, plomb, etc.), et liquide dans l'autre.

Pour faire constater l'existence des gaz, pour convaincre les enfants de leur matérialité, on réalisera les expériences suivantes ou d'autres analogues.

Plonger dans un vase plein d'eau un verre vide, l'ouverture en bas; l'incliner pour que l'air enfermé s'échappe, et recueillir celui-ci dans un autre verre également retourné, mais plein d'eau. Conclusion : on *voit* l'air, on le transvase, on en pourrait mesurer le volume.

Plonger dans l'eau un entonnoir par sa partie évasée en fermant la douille du bout du doigt. En retirant le doigt, l'air s'échappe comme le vent d'un soufflet. Un entonnoir en verre permet de *voir* les variations du gaz emprisonné.

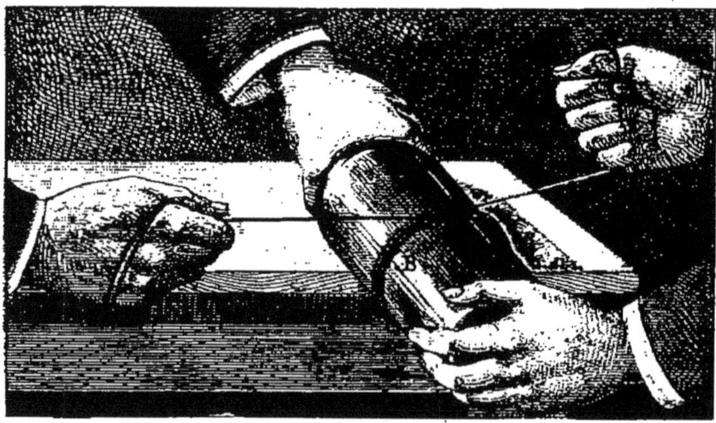

1. Confection d'une cloche de verre

avec une bouteille ordinaire coupée au moyen d'une ficelle.

1. L'entonnoir de verre peut être remplacé par une cloche préparée ainsi: on noue, autour d'une bouteille B, deux grosses ficelles faisant chacune un ou deux tours, et séparées par un intervalle égal au diamètre d'une ficelle plus petite. Dans cet intervalle, on enroule la petite ficelle en ne faisant qu'un tour et pas de nœud. Deux opérateurs tirent alternativement, très régulièrement et très rapidement cette ficelle, comme s'ils voulaient scier la bouteille (*fig.* 1);

celle-ci s'échauffe fortement à l'endroit frotté, et la ficelle devient brûlante. A ce moment, on jette de l'eau froide sur le verre échauffé, un petit craquement se fait entendre et la bouteille est séparée en deux. Les bords tranchants sont facilement émoussés par le frottement sur un grès ou un pavé mouillé, saupoudré de sable.

2. La cloche sera fermée d'un bouchon plein (*fig.* 2), ou bien traversé par un tube permettant d'y ajuster un caoutchouc qu'on fermera d'un bout de baguette de verre. Faire passer dans cette cloche

2. Moyen de recueillir un gaz.

L'air du soufflet vient se loger dans la cloche C où il occupe le même volume.

pleine d'eau, l'air qui s'échappe d'un soufflet ou des poumons. Comparer la diminution de volume du soufflet au volume d'air entré dans la cloche. Évaluer le volume d'air sorti des poumons pendant une expiration.

En remplaçant la terrine par un seau, et en ajustant un tube au bouchon, on pourra *transvaser* le gaz dans une autre cloche, ou le faire échapper sur les ailes d'un moulin de papier, d'une flamme, etc., pour constater son action, par conséquent sa présence.

3. Quand un liquide bout, il se transforme en une vapeur qui occupe un volume beaucoup plus grand. Les vapeurs sont invisibles, comme presque tous les gaz; ce qui s'échappe d'une marmite contenant de l'eau en ébullition n'est plus de la vapeur, mais de l'eau en fines gouttelettes. Dans le ballon B (*fig.* 3) on ne voit pas la vapeur; celle-ci apparaît à sa sortie en V parce que refroidie elle redevient de l'eau.

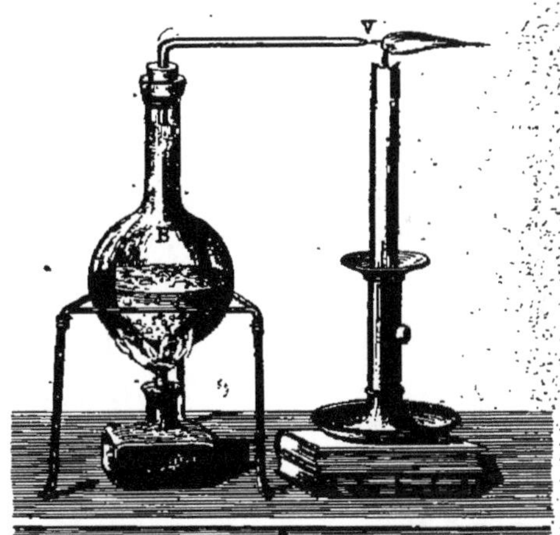

3. La vapeur agit comme un gaz.

En s'échappant du ballon B par l'orifice V, elle incline la flamme de la bougie; elle est invisible tant qu'elle ne repasse pas à l'état liquide. La buée n'est plus de la vapeur. — La lampe à alcool peut se confectionner au moyen d'un encrier.

En plaçant en V la flamme d'une bougie, la vapeur ne se refroidit pas, aussi ne voit-on plus la buée. (V. Distillation, *fig.* 39.)

II. L'air et l'oxygène.

4. Il est indispensable pour faire connaître l'oxygène aux enfants de préparer ce gaz et de l'employer pour réaliser quelques-unes des principales expériences de combustion (bois ou charbon, soufre ou phosphore d'une allumette, fil de fer fin) et de caractériser la nature du produit formé.

La figure 4 représente un appareil des plus simplifiés. Dans un tube à essai on chauffe un mélange de 10 grammes de chlorate de potasse et d'autant de bioxyde de manganèse ou simplement de sable. Il n'est pas nécessaire d'expliquer la réaction, il suffit que les enfants sachent que le chlorate de potasse est un sel très riche en oxygène qu'il laisse dégager

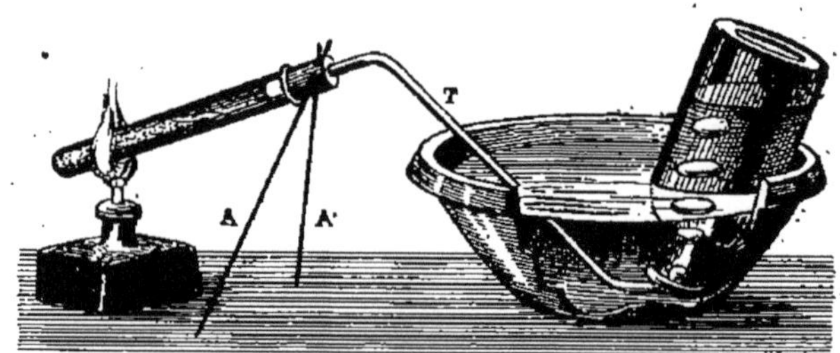

4. Préparation de l'oxygène.

quand on le chauffe. Le tube à essai ci-dessus est supporté par un trépied formé du tube à dégagement T et de deux grosses aiguilles à tricoter A et A' fixées dans le bouchon.

5. Pour montrer que l'oxygène forme environ le cinquième du volume de l'air atmosphérique, une carafe, une bougie et une assiette suffisent.

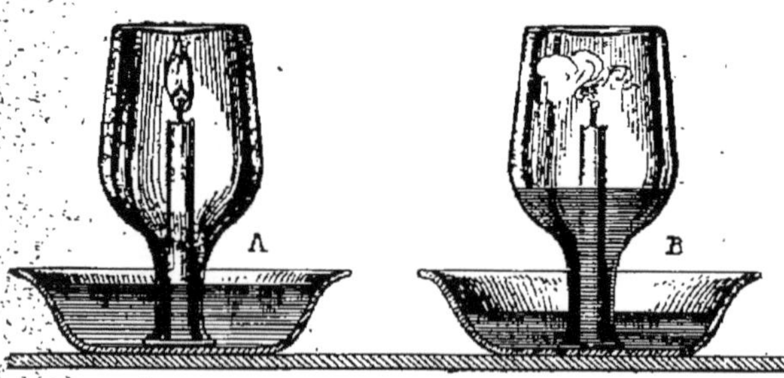

5. L'air renferme environ 1/5 d'oxygène.

La bougie fixée dans une terrine (ou une assiette) est allumée, puis coiffée d'une carafe plongeant dans l'eau préalablement versée en A. La bougie ne tarde pas à s'éteindre et l'eau monte comme l'indique la figure en B. On constate facilement ensuite que l'eau montée dans la carafe en occupe le cinquième environ. La précision ne saurait être obtenue dans cette démonstration qui suffit cependant à fixer la notion de la composition de l'air dans l'esprit des enfants ; ceux qui ont vu l'expérience savent que le volume du gaz restant est beaucoup plus grand que celui qui a disparu par la combustion et retiennent la proportion : oxygène 1, azote 4.

6. Le fer brûle comme dans la forge.

7. Le zinc porté au rouge s'enflamme à l'air.

Il faut montrer ensuite que l'air entretient les combustions, grâce à l'oxygène qu'il renferme; voici, à ce sujet, deux expériences très intéressantes et faciles à réaliser.

6. On augmente la quantité d'oxygène servant à une combustion en augmentant celle de l'air qui entretient cette combustion ; au moyen du chalumeau, qu'on peut remplacer par une pipe, on enflamme facilement la limaille de fer.

7. L'emploi du soufflet est basé sur le même principe. L'expérience 7 est une des plus brillantes. Un couvercle de boîte à cirage forme une bonne coupelle, un pot à fleurs ébréché remplace le fourneau à charbon ; le feu est activé au moyen d'un soufflet. Quand le zinc est non seulement fondu, mais *arrivé à la température du rouge vif*, on écarte, au moyen

d'un fil de fer, l'oxyde déjà formé : le zinc prend feu au contact de l'oxygène de l'air, et l'oxyde s'élève dans l'air sous forme de flocons blancs.

8. Les expériences qui mettent en évidence l'existence de la pression atmosphérique sont nombreuses.

L'expérience la plus importante sur ce sujet est celle de Torricelli ; elle nécessite un peu de mercure, mais elle permet l'explication du baromètre.

L'une des plus amusantes est celle de l'œuf pénétrant dans une carafe.

Dépouiller l'œuf dur de sa coquille sans l'entamer, allumer une bande de papier P et l'introduire dans une carafe, poser l'œuf en guise de bouchon, après l'avoir trempé dans l'eau pour le rendre plus glissant, il ne tarde pas à pénétrer dans la carafe dont l'intérieur s'est refroidi : il y est poussé par la pression atmosphérique.

8. Effet de la pression atmosphérique.

Il importe de bien expliquer pourquoi, dans l'expérience 8, l'œuf est entré dans la carafe : la flamme du papier, en chauffant l'air, avait augmenté son volume ; une partie de cet air était sorti de la carafe ; le reste, dilaté, occupait le volume entier de la carafe, et c'est à ce moment que l'œuf a été placé en guise de bouchon ; l'intérieur de la carafe s'est ensuite refroidi et, par suite, l'air resté, tendant à se contracter, a perdu de sa force élastique : l'air extérieur ayant gardé la sienne, l'œuf s'est trouvé plus fortement pressé, d'un côté que de l'autre.

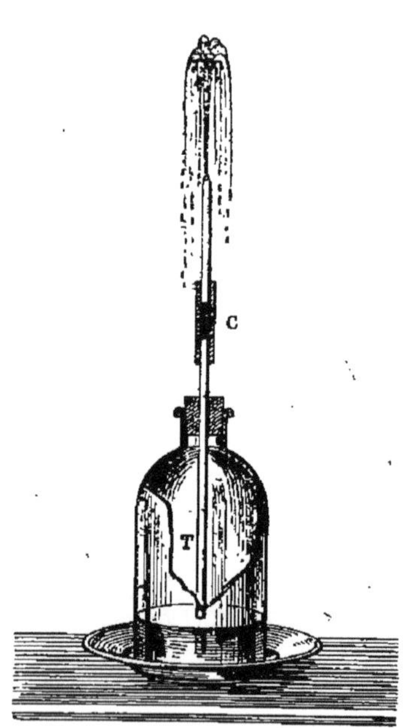

9. Force élastique d'un gaz chauffé.   10. Fontaine de compression.

9. Pour montrer que la chaleur augmente la force élastique d'un gaz, on plongera dans un vase plein d'eau bouillante un ballon de verre disposé comme

l'indique la figure 9, c'est-à-dire fermé d'un bouchon traversé par un tube effilé à l'extrémité extérieure et plongeant, par la partie inférieure, dans un peu d'eau préalablement introduite dans le ballon.

10. En ajoutant de l'air à celui qui est renfermé dans un espace clos, dans un flacon, par exemple (*fig.* 10), on augmente aussi la force élastique. Il suffit de souffler par le tube effilé pour faire entrer dans la fiole un peu plus d'air qu'elle n'en contient; on pince le caoutchouc C: l'air introduit a augmenté la pression, et si l'on cesse de serrer le caoutchouc, l'eau jaillit.

Faire remarquer pourquoi le flacon en verre épais de l'expérience 10 ne peut remplacer le ballon en verre mince de l'expérience 9.

III. L'eau et l'hydrogène.

Peser de l'eau, comparer les chiffres qui représentent le poids et le volume.

11. Distillation de l'eau. — Dans le ballon de l'expérience 3 on fait bouillir de l'eau ordinaire, la vapeur s'échappe en V; si l'on fait déboucher l'extrémité V dans une fiole froide et sèche, en verre clair, on voit la buée se rassembler en gouttelettes qui sont de l'eau distillée; l'opération se fera plus complètement dans l'expérience 39 (page 123).

Remarquer que l'eau se trouble, et qu'un dépôt se forme sur les parois du ballon, si l'eau est calcaire; avec de l'eau de pluie, on ne constate ni trouble, ni dépôt. Pourquoi?

En remplaçant le tube du ballon de l'expérience 3 par celui deux fois coudé de l'expérience 12, et en faisant plonger l'extrémité de ce dernier dans un verre plein d'eau, l'eau du verre s'échauffe et arrive jusqu'à l'ébullition; si l'on supprime le foyer qui fait bouillir l'eau du ballon, on produit, sans inconvénient, une absorption qui met en évidence la pression atmosphérique.

Cette seule expérience fournit l'occasion d'expliquer toute une série de faits intéressants.

12. Pour préparer de l'hydrogène, il est bon d'employer un flacon d'un demi-litre au plus; un quart de litre suffit et l'on est sûr, en enflammant le gaz à sa sortie par un tube effilé, de ne pas mettre le feu à un mélange détonant. Néanmoins, il est toujours prudent, avant d'enflammer le gaz, d'envelopper le flacon d'un linge. Les expériences à faire sont les suivantes: recueillir de l'hydrogène dans un flacon et l'enflammer; il n'y a aucun danger si l'ouverture du flacon est large; gonfler des bulles de savon à l'hydrogène; remplacer le tube abducteur par un tube effilé; enflammer le gaz et recueillir des gouttelettes d'eau sur un verre clair et froid.

12. Préparation d'un gaz à froid.

(Hydrogène ou acide carbonique.)

Mettre dans un flacon du zinc (ou de la craie) et de l'eau, et ajouter peu à peu de l'acide chlorhydrique. L'acide sulfurique convient également, mais son maniement est trop dangereux pour être conseillé à l'école.

IV. Charbon et combustions.

13. Quand on chauffe une matière organique, elle charbonne : c'est à cela qu'on la reconnaît ; elle laisse généralement dégager un gaz inflammable qui produit la flamme ; le foyer, la lampe, la bougie, etc. nous en montrent des exemples.

Le gaz ne peut s'enflammer s'il n'est au contact de l'oxygène de l'air, car, pour produire une combustion, il faut toujours deux choses : un combustible et un comburant.

L'expérience 13 permettra d'expliquer la formation

13. Production du gaz d'éclairage.

Des fragments de liège sont introduits dans un tube à essai fermé d'un bouchon que traverse un tube effilé, et au bout duquel on enflamme le gaz dégagé.

du charbon, du gaz, de montrer la formation du goudron, etc.

14. L'expérience 14 montrera surtout qu'une combustion s'arrête si le comburant manque. On remplit une carafe de gaz d'éclairage ou, à défaut, de gaz hydrogène préparé dans l'expérience 12 et rendu éclairant par l'introduction de quelques gouttes d'essence de pétrole dans le flacon producteur d'hydrogène. Puis on y met le feu, la flamme faiblit faute de comburant, on l'active en versant de l'eau dans le flacon, car on amène ainsi le gaz au contact de l'oxygène de l'air.

15. Expérience sur la craie.— Prendre deux morceaux de craie de même poids, placer l'un dans un feu vif et l'y laisser une demi-heure, puis retirer tous les fragments qui pèsent beaucoup moins qu'avant : c'est de la chaux ;

14. Le gaz prend feu à mesure qu'il arrive au contact de l'air.

le montrer en la délitant. Faire un lait de chaux, puis de l'eau de chaux.

Traiter l'autre morceau de craie dans l'appareil figure 12; recueillir le gaz qui se dégage et le caractériser : il est asphyxiant; il trouble l'eau de chaux; etc.

La chaux laissée par le premier morceau de craie unie au gaz dégagé du second reconstituerait un poids de craie juste égal à celui de chacun des deux morceaux de craie. Définition de la synthèse et de l'analyse.

Montrer que le charbon, où le bois puisqu'il en contient, donne en brûlant dans l'oxygène de l'air un gaz acide, d'où le nom d'acide carbonique : carbone + oxygène = acide carbonique; ce gaz est pareil à celui de la craie. Profiter des expériences sur la craie pour donner une première définition de l'acide, de l'oxyde, du sel : acide carbonique + chaux = carbonate de chaux.

Montrer comment on reconnaît un carbonate dans la pierre calcaire, dans les cendres; celles-ci sont la matière minérale des végétaux brûlés : différence entre la matière organique et la matière minérale.

V. Les végétaux.

16. Pour étudier la structure d'une graine, on se servira avantageusement de haricots ayant séjourné plusieurs jours dans un linge ou de la mousse humide; chaque élève prendra une graine et, guidé par les explications du maître, en séparera les diverses parties : tégument, cotylédons et embryon plus ou moins développé. On placera ensuite des haricots et d'autres graines à germination rapide, comme le cresson alénois, sur du sable, dans de la mousse, dans une éponge; l'important est de maintenir l'humidité et d'assurer l'arrivée de l'oxygène de l'air.

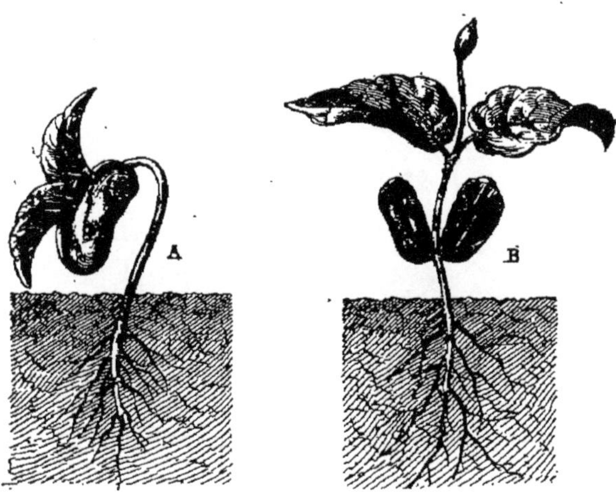

16. Germination d'un haricot.

Deux phases : A apparition des deux premières feuilles; B les cotylédons sont épuisés, leur rôle est achevé.

Explication des phases de la germination, (*fig.* 16 A) : d'abord la graine est gonflée par l'eau qui la pénètre; la chaleur aidant, les cotylédons s'ouvrent et la radicule apparaît, puis la tigelle.

La radicule devient racine, la tigelle devient tige, les feuilles se développent; les cotylédons se rident et tombent, leur rôle est achevé, (*fig.* 16 B) : la provision de nourriture qu'ils renfermaient est épuisée.

17. L'étude des racines est d'une importance capitale, car les erreurs répan-

dues à leur sujet sont nombreuses. Pour bien montrer une racine aux enfants, le meilleur moyen est de faire pousser une graine (graminée ou crucifère, de préférence) dans l'eau. Au bout de trois semaines environ, les racines ont atteint le développement indiqué par la figure 17. Pour bien voir les poils absorbants, qui sont transparents, il faut regarder le verre sous une certaine incidence facile à trouver, ou bien placer, du côté opposé à l'observateur, un carton ou

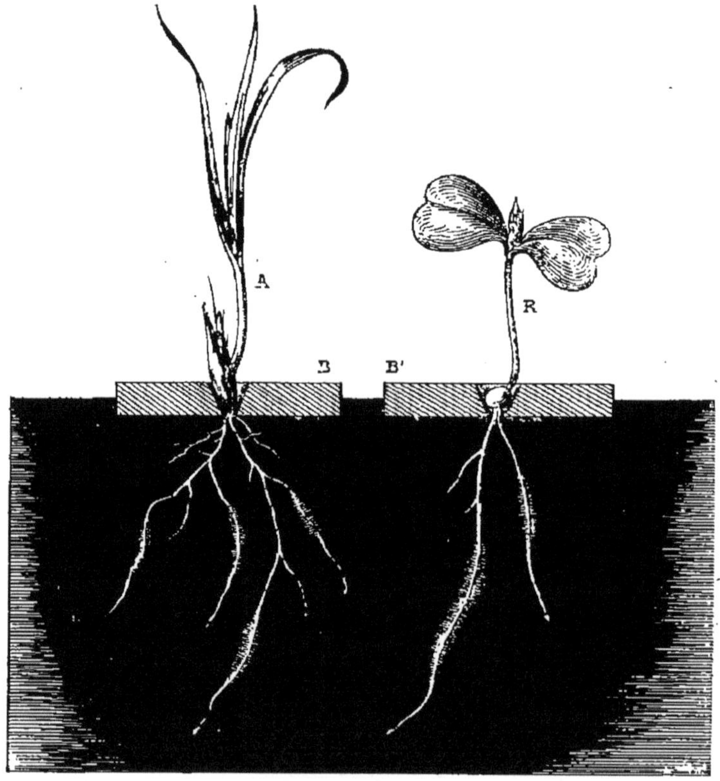

**17. Disposition d'une culture dans l'eau
pour l'étude des racines.**

Deux petites plaques de liège B et B' ont été taillées dans un bouchon et placées en flotteur sur un verre d'eau ; l'une a reçu un grain d'avoine A, l'autre une graine de radis R.

un papier de couleur foncée. On constatera la progression des poils radicaux, leur disparition d'un côté, leur renouvellement continu du côté de la coiffe, à mesure de la croissance des racines, etc. Grâce au grossissement dû à la forme lenticulaire du verre plein d'eau servant à l'expérience, on distinguera probablement la forme de la coiffe ; on s'aidera, si possible, d'une loupe.

Il ne faut pas oublier que souvent, dans ces expériences, les conditions normales de la végétation ne sont pas remplies; aussi ne s'étonnera-t-on point de rencontrer des anomalies. (V. page 132, *fig. 49.*)

Quelques expériences réservées au cours supérieur (fonction chlorophyllienne, étiolement, évaporation par les feuilles, etc.) peuvent trouver place au cours moyen; on les choisira parmi celles qui sont indiquées p. 131 et suiv.

Les leçons les plus intéressantes et en même temps les plus profitables sur les végétaux, les animaux, les terrains, auront lieu quand une occasion favorable se présentera de faire de véritables leçons de choses. Les excursions, promenades, etc., fourniront les occasions.

Nota. — *Cet enseignement, qu'on peut appeler occasionnel, s'adressera à la fois aux élèves du cours moyen et à ceux du cours supérieur, c'est-à-dire à tous les enfants admis à suivre l'excursion; c'est pourquoi nous l'indiquons à cette place, entre les deux cours, moyen et supérieur, dans le programme que nous développons. A ce sujet, nous ne saurions mieux faire que de répéter ce que nous avons dit dans notre petit volume intitulé :* Introduction à l'enseignement agricole.

ENSEIGNEMENT OCCASIONNEL

L'un des buts de l'enseignement scientifique à l'école est de développer, chez les enfants, l'esprit d'observation. Les notions scientifiques fondamentales ayant été établies expérimentalement à l'école même, il suffira souvent de signaler aux élèves les observations qu'ils peuvent faire eux-mêmes et de leur en demander ensuite un petit compte rendu oral, pour compléter, d'une façon tout à fait pratique, les leçons de la classe. Ces observations porteront sur les points suivants : *Anatomie des animaux domestiques. — Instruments agricoles. — Travaux des champs. — Plantes et insectes utiles ou nuisibles.*

On ne peut songer à aborder, à l'école élémentaire, des sujets d'*agrologie*, de *phytotechnie*, de *zootechnie*, etc.; ce serait faire prématurément de l'enseignement professionnel dont la place est à l'école primaire supérieure; l'école élémentaire doit se borner à une *bonne préparation* à cet enseignement professionnel. Il en est de même de la description qu'on pourrait faire en classe d'un instrument agricole, etc.; ce serait une leçon de choses *sans chose*, c'est-à-dire un non-sens pédagogique.

A l'école élémentaire, les notions qu'on pourra donner sous les titres précités seront choisies selon les circonstances : on décrira une charrue, et les élèves en prendront le croquis, lorsqu'on en aura une sous les yeux; on examinera les effets du roulage en voyant exécuter l'opération par un praticien qui l'expliquera, etc.; en un mot, cet enseignement sera *occasionnel*. Il portera ses fruits si la visite, la promenade, l'excursion a été *réglée d'avance*, et si elle est l'objet d'un petit compte rendu, de notes succinctes mais claires, accompagnées, s'il y a lieu, de dessins cotés, le tout transcrit par l'élève dans le carnet agricole.

Observations anatomiques.

On perd souvent de bonnes occasions de faire observer aux enfants l'organisation intérieure du corps d'un animal (poulet, lapin, porc, etc.) qui vient d'être abattu et qu'on dépèce. Il est peu de maisons où il ne serait pas possible à chacun de faire, sur nature, une petite étude de l'appareil digestif, des principales glandes, etc. Si la dissection d'un petit animal, un rat ou un lapin, un geai ou une poule, était faite une fois seulement tous les ans devant les élèves, ceux-ci deviendraient observateurs chaque fois que l'occasion s'en présenterait à la maison, chez le boucher ou ailleurs. Il n'est pas difficile non plus de préparer quelques pièces anatomiques d'une utilité incontestable. Exemples :

Estomac ou portion d'appareil digestif. — On peut se procurer facilement l'estomac d'un jeune ruminant, agneau ou chevreau, par exemple. Si à l'œsophage on ajuste un entonnoir et qu'on y fasse couler une suffisante quantité d'eau, on parviendra, en comprimant extérieurement les différentes pièces de l'estomac, à en faire le nettoyage complet. Quand l'eau sort bien claire, on rince avec une infusion concentrée d'écorce de chêne, ou bien une dissolution d'alun ou de bichromate de potasse à 10 pour 100 qu'on laisse séjourner à l'intérieur pendant un jour; enfin on laisse égoutter. Lorsque les membranes commencent à se dessécher, on lie l'une des ouvertures d'abord, puis l'autre, après avoir insufflé de l'air pour bien gonfler le tout. Il suffit ensuite d'assurer la dessiccation parfaite de l'organe ainsi préparé, pour obtenir une bonne pièce de démonstration qu'on peut même vernir extérieurement et monter élégamment au moyen de fils de fer sur une planchette formant socle.

Squelette. — Un rat, ou un oiseau de la taille d'une grive, préalablement dépouillé et vidé, est, en quelques jours, parfaitement approprié si on le dépose dans une petite excavation pratiquée au milieu d'une fourmilière. On peut placer le cadavre dans une boîte percée de trous.

Lorsque tous les os sont parfaitement nettoyés, on monte le squelette en passant un fil de fer recuit dans la colonne vertébrale, dans les os longs, etc., ou bien, si cette opération n'est pas connue, on se borne à rassembler les articulations par un peu de colle forte.

Instruments agricoles.

Les plus simples, tels que ceux de jardinage, les herses, le rouleau ordinaire, seront l'objet d'un croquis coté; on fera la mise au net de ce croquis en classe dans le carnet agricole ou le cahier spécial [1].

Pour les autres instruments, on se bornera au croquis de quelques pièces

---

1. Les travaux manuels scolaires consistant dans la confection d'outils aratoires minuscules ne sont pas à recommander : leur avantage, au point de vue de l'enseignement agricole, est nul, et ils nuisent, plutôt qu'ils n'aident, au développement du goût de l'enfant qui les exécute.

choisies parmi les plus importantes. Une figure simple, avec légende explicative, vaut mieux et prend moins de temps qu'une minutieuse description toujours trop longue et que l'enfant relit bien rarement.

Si des machines agricoles, telles qu'un râteau mécanique, une faneuse, une faucheuse, une moissonneuse, un semoir, existent dans la commune, on ne manquera pas d'aller les étudier sur place et d'assister à leur fonctionnement.

Il en sera de même pour les machines servant à l'intérieur des exploitations, telles que machine à battre, tarare, trieur, hache-paille, coupe-racines, etc.

Si un concours, une exposition agricole, fournissent l'occasion de nouvelles leçons de choses, il en faudra profiter.

Travaux de la campagne.

Outre le fonctionnement des principaux instruments agricoles qu'on pourra etudier sur place, il y a lieu d'appeler l'attention des enfants sur les principaux travaux de chaque saison.

De ces divers travaux, ce qu'il importe de dégager, c'est l'application des notions scientifiques qui ont été établies dans les leçons ordinaires. Mais il faut savoir se borner, et c'est pour faciliter un bon choix que les indications suivantes sont données.

Labours. — Dispositions des diverses pièces de la charrue; comment les bandes du labour sont coupées par le *coutre* et le *soc* et retournées par le *versoir* dont la forme est celle d'une portion de pas de vis; distance de la pointe du coutre à celle du soc selon la ténacité du sol. Comment sont obtenus l'*ameublissement* du sol, son *aération*, son *mélange avec les engrais*. Comment on règle la *profondeur du labour*. *Époque* et nombre de labours, en culture, en *jachère*.

Hersage et roulage. — Disposition des dents de la herse, effets produits par leur choc : *nivellement* et *pulvérisation* superficielle; conséquences selon que la terre est argileuse ou sableuse si la pluie survient; *durcissement* produit et aération entravée. — Action de la herse sur les *semis*, sur le chiendent et autres *mauvaises herbes*. Écrasement des mottes par le rouleau; *nivellement* en vue de faciliter plus tard le fauchage. *Rechaussement* des céréales d'hiver soulevées par les gelées. Époque des hersages et des roulages.

Emploi des engrais. — *Traitement* et *épandage* du fumier, du purin. Engrais divers. Emploi avant et après le labour. Engrais employés *en couverture* dans les cultures, dans les prairies, dans le jardinage; effets du fumier dans les couches à primeurs.

Semailles. — Conditions nécessaires à la germination : influence de la profondeur des semis, de l'époque. Quantités de semence.

Taille et Greffe des arbres fruitiers, des arbustes, de la vigne.

Menues façons du sol. — *Buttage*, développement des racines adventives; *binage*, destruction des mauvaises herbes, aération des racines superficielles; dangers d'un binage trop profond pour certaines cultures, vignes, etc. *Sarclages*.

Assolements. — Succession des plantes à racines profondes aux plantes à racines superficielles ; nitrates retrouvés dans le sous-sol. Engrais verts. Jachère.

Récoltes. — Opérations principales, traitement, conservation et estimation des récoltes faites dans le pays.

Collection d'insectes.

Soit dans les promenades, soit isolément, les enfants recueilleront, si leur attention est attirée de ce côté, les insectes utiles ou nuisibles les plus connus.

L'étude des chenilles et de leurs métamorphoses est aussi facile qu'intéressante : une boîte close d'une face par de la toile métallique suffit pour enfermer, avec une nourriture appropriée qu'on renouvelle, la plupart des espèces qu'il est bon de connaître. Au lieu de conserver le papillon même, on se contente de l'*imprimer* en appuyant les ailes étendues de l'insecte sur du papier légèrement gommé : l'image obtenue est très fidèle, quelques retouches suffisent pour la compléter.

Voici une liste des principaux insectes à collectionner :

Insectes utiles. — Abeilles. — Bombardiers. — Carabes. — Cantharides. — Cicindèles. — Cynips (ou leur produit). — Dytiques. — Fourmilion. — Hydrophiles. — Ichneumons. — Lampyres. — Libellules. — Mante religieuse. — Staphylins. — Ver à soie.

Insectes nuisibles. — Altises ou puces de terre. — Charançons. — Chenilles diverses. — Courtilière. — Criquet. — Chrysomèle. — Guêpe. — Fourmi. — Hanneton. — Mouches diverses.— Noctuelle du chou et N. des moissons. — Œstre du cheval. — Phylloxera. — Piéride du chou. — Puceron ailé du rosier. — Puceron lanigère. — Taon. — Vrillette. — Yponomeute du pommier.

On trouvera dans le *Livre d'Agriculture* de M. Cunisset-Carnot deux planches en couleur représentant tous les insectes nuisibles indiqués ci-dessus. Le même ouvrage donne aussi, dans deux planches en couleur, les figures de vingt-deux plantes vénéneuses ou nuisibles.

L'herbier de l'école.

Il y aura lieu de récolter d'abord quelques plantes présentant les caractères nettement marqués des principales familles botaniques et de les étudier sur nature.

Les premières plantes à connaître sont celles qui se cultivent dans les jardins et dans les champs ; puis viennent les essences d'arbres croissant spontanément dans le pays ; ensuite les espèces fourragères ; enfin un certain nombre de plantes utiles, ou nuisibles, telles que les suivantes :

Plantes utiles. — Absinthe. — Achillée. — Aigremoine. — Anis. — Arnica. — Bardanne. — Bouillon blanc. — Bourrache. — Buis. — Camomille. — Chicorée sauvage. — Douce-amère. — Fumeterre. — Guimauve. — Houblon. — Hysope. — Lavande. — Lierre commun. — Lierre terrestre. —

Mauve. — Mélisse. — Menthe. — Moutarde blanche. — Pimprenelle. — Pervenche. — Rhubarbe. — Romarin. — Saponaire. — Serpolet. — Sureau. — Tanaisie. — Thym. — Violette.

Plantes nuisibles. — Ail des vignes. — Belladone. — Berce branc-ursine. — Bryone. — Cardamine des prés. — Chardon. — Chiendent. — Chrysanthème des moissons. — Ciguë (grande et petite). — Colchique d'automne. — Coquelicot. — Cuscute. — Datura stramonium. — Ellébore. — Euphorbe. — Euphraise. — Galeopsis. — Grassette. — Jusquiame. — Laîche. — Laiteron des champs. — Liseron. — Lychnide nielle. — Mélampyre. — Mercuriale. — Moutarde des champs. — Ononis. — Orobanche. — Patience. — Plantain. — Populage. — Prêle. — Renoncule.

Un peu de botanique.

On ne saurait se contenter, même à l'école primaire, de donner seulement les noms des plantes que chacun doit connaître, parce qu'on en fait usage ou qu'on les rencontre journellement ; quelques notions de botanique sont nécessaires, afin de fournir aux élèves des connaissances précises sur les termes qu'ils rencontrent dans leurs lectures scientifiques, en outre pour développer en eux l'esprit d'observation, enfin pour leur donner une idée générale des classifications naturelles, considérées comme un moyen de simplifier les études en les ordonnant.

A l'école primaire, les notions de botanique peuvent et doivent être données sous forme de leçons de choses, les *choses* étant réunies par les élèves. Quand on étudiera, par exemple, les organes d'une fleur, il sera bon de mettre entre les mains de tous un spécimen de la même fleur ; sous la direction du maître, chaque enfant fera, au moyen d'un canif ou simplement d'une épingle, une sorte de petite dissection, dont le résultat sera la séparation des pièces formant les verticilles floraux : calice, corolle, étamines, pistil.

Un excellent moyen de rendre ces leçons profitables consiste à disposer, sur une feuille de papier, les pièces séparées, comme l'indiquent les planches en couleur ci-contre (pages 113 et 115), à les fixer par un peu de colle et à joindre à cette figure en nature une légende explicative, ainsi qu'un diagramme ou une coupe. On étudiera, de cette façon, les caractères des familles botaniques les plus importantes : crucifères, rosacées, labiées, légumineuses, composées, graminées, etc.

Au cours supérieur, et surtout au cours complémentaire, après avoir étudié, comme il vient d'être dit, une famille importante, on donnera, de temps à autre, le mercredi ou le samedi pendant la belle saison, un devoir consistant à rapporter, le surlendemain, quelques spécimens de plantes analogues, par leurs caractères les plus saillants, au type étudié.

C'est dans les promenades scolaires que les échantillons destinés à l'herbier de l'école seront recueillis. Ces échantillons seront spécialement destinés aux leçons ; c'est dire que si l'on en fait l'usage désirable, le renouvellement devient

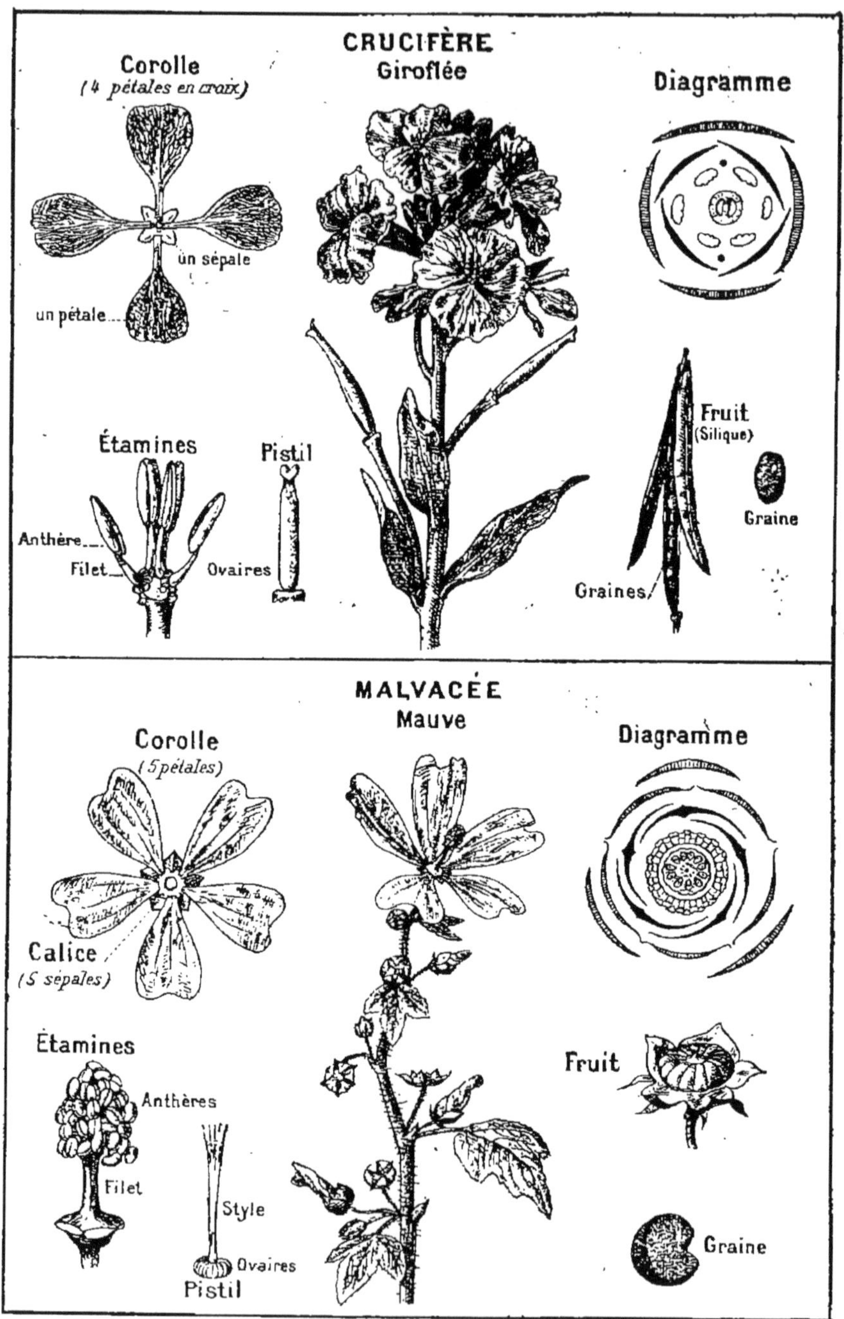

Disposition du travail de l'élève

Soit dans un cahier, soit sur des feuilles détachées.

NOTA. — *Dans l'ouvrage complet, cette planche est tirée en couleurs.*

vite nécessaire. Un herbier scolaire dont aucune pièce n'a besoin d'être remplacée est un objet inutile, car on ne s'en sert pas.

L'étude des graminées fourragères est importante, mais délicate; on tourne la difficulté en réservant, dans la cour ou le jardin, 3 ou 4 mètres carrés que l'on divise en une dizaine de petites parcelles, et l'on ensemence chacune d'elles d'une espèce fourragère : paturin, fétuque, vulpin, flouve, dactyle, ivraie, fléole, agrostide, etc.; auxquelles on pourra même ajouter les principales légumineuses fourragères : luzerne, sainfoin, trèfle, etc. Cette petite pelouse, une fois formée, se garde pendant de longues années si on lui donne de l'engrais, et si l'on en expulse les plantes étrangères; grâce à elle, les enfants apprendront vite à connaître les espèces qui forment les prairies du territoire de la commune.

Dans l'étude des divers organes de la plante, on insistera sur le rôle de chacun au point de vue des applications pratiques; en promenade, on fera remarquer, par exemple, l'action des insectes butinant sur les fleurs; on en déduira les avantages que présente, pour la fécondation des colzas, sarrasins, etc., le voisinage d'un rucher. On ne peut citer ici toutes les observations qu'il y aura lieu de faire dans une promenade bien conduite : il suffit de rappeler que si les notions scientifiques fondamentales ont été bien établies, le maître répondra facilement à tous les *pourquoi* des enfants.

COURS SUPÉRIEUR

Expériences de physique.

Les notions scientifiques que les expériences suivantes ont pour but de faire comprendre ne sont pas indispensables à un agriculteur; cependant elles ont été inscrites dans le programme officiel (page 168), parce qu'elles font partie « des connaissances qu'il n'est permis à personne d'ignorer »; de plus, la rédaction au certificat d'études primaires peut se rapporter à une ou plusieurs d'entre elles; il est donc nécessaire de ne les point négliger.

Les indications ci-après suffiront aux élèves les plus adroits pour leur permettre de préparer la partie matérielle des leçons expérimentales; le maître se chargera du reste.

VI[1] Chaleur et lumière.

18. La chaleur est le principal agent qui fait changer l'état des corps; mais, sans changer d'état, les corps augmentent de volume quand on les chauffe; ils diminuent par refroidissement.

---

1. Cette partie forme la suite des expériences décrites (pages 99 à 108) avant l' « Enseignement occasionnel » qui est commun au cours supérieur et au cours moyen.

L'augmentation de la longueur d'une aiguille à coudre que l'on chauffe est mise en évidence de la manière suivante : tailler un bouchon comme l'indique la figure, planter l'aiguille O A de façon que le chas qui reçoit la pointe d'une seconde aiguille O L repose sur un petit épaulement; une troisième aiguille T sert de témoin; tout d'abord, la seconde aiguille OL est parallèle à T : OL prend la position OL' quand on chauffe OA.

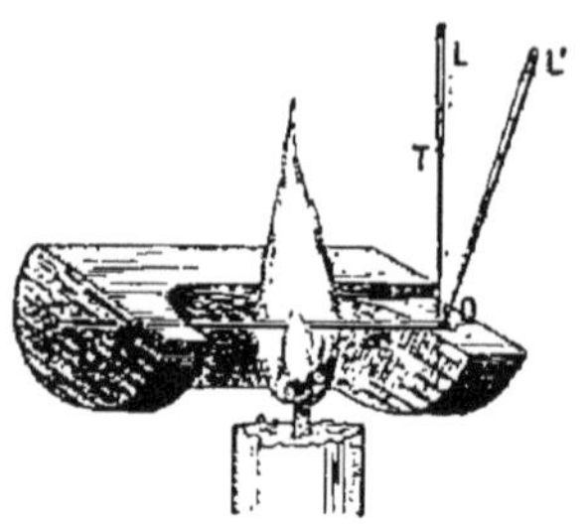

18. Un pyroscope simplifié.

19. Usages du thermomètre. — L'école doit être pourvue d'un thermomètre ; on l'utilisera pour des observations diverses : évaluation de la température de la salle, du dehors, d'eau froide, d'eau chaude, de l'intérieur de la bouche, de la main fermée, etc.

20. La chaleur ne se propage pas avec la même facilité à travers tous les corps; les uns sont meilleurs conducteurs que d'autres.

Deux fils métalliques de même diamètre, l'un en fer, l'autre en cuivre, sont supportés par deux livres C et B et réunis par une torsade que l'on chauffe en A : la cire qui fixe les billes ou les pains à cacheter fond plus rapidement et les billes tombent plus tôt du côté du cuivre que du côté du fer. Conclusion : le cuivre conduit mieux la chaleur que le fer.

20. Différence de conductibilité.

21. Les gaz sont les plus mauvais conducteurs, ainsi que les corps poreux, à cause des gaz qu'ils retiennent immobiles. De l'eau mise bouillante dans un vase placé au centre d'une boîte qu'on remplit ensuite de sciure sèche, s'y conserve très longtemps chaude.

Placer une pomme de terre, coupée en deux ou trois morceaux, dans une cafetière avec de l'eau; chauffer; quand l'eau bout, placer la cafetière dans une boîte remplie au tiers de sciure; achever de remplir avec la sciure. Une heure après, la pomme est cuite et l'eau est encore brûlante.

22. La force élastique de la vapeur peut être mise en évidence d'une manière bien simple. Dans un manche de porte-plume métallique, on introduit un peu d'eau; on ferme ensuite l'ouverture du petit appareil en l'appuyant sur une tranche de rave ou de pomme.

21. Marmite automatique.

En chauffant comme l'indique la figure 22, l'eau entre bientôt en ébullition, et la force élastique de la vapeur produite projette le bouchon en produisant une petite explosion.

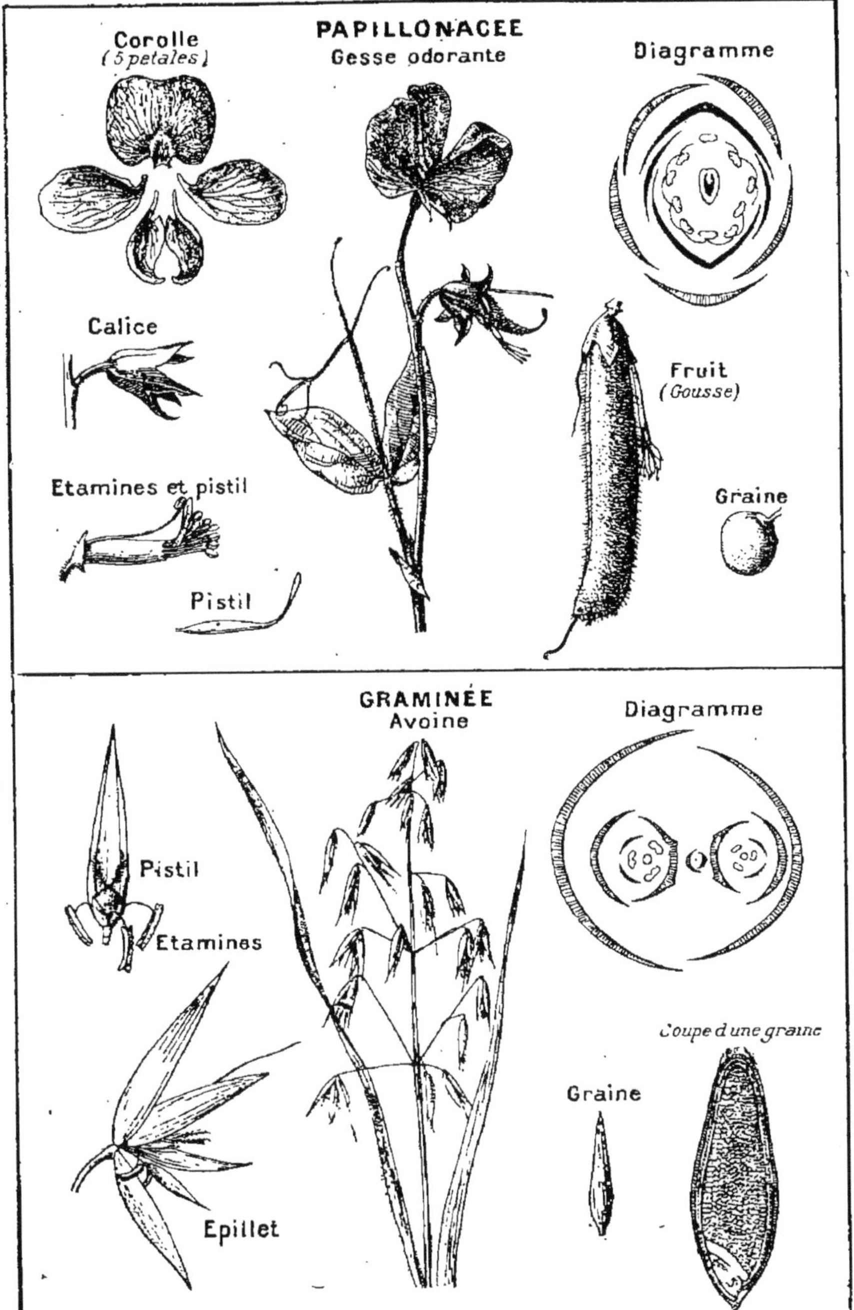

Disposition du travail de l'élève.

A chaque spécimen, ajouter une liste des plantes connues de la même famille, avec l'indication des usages.

NOTA. — Dans l'ouvrage complet, cette planche est tirée en couleurs.

23. La lumière du soleil est accompagnée de chaleur qui peut devenir très élevée si on la concentre sur un seul point, au moyen d'un verre grossissant appelé *lentille*, à cause de sa forme. On peut remplacer la lentille de la façon suivante : on remplit d'eau claire un ballon que l'on dispose comme l'indique la figure 23

En recevant les rayons solaires S sur le ballon, une allumette placée au foyer F s'enflamme. On trouve facilement ce point F en le cherchant du bout du doigt, ou bien avec une feuille de papier sur laquelle se forme l'image du soleil quand elle sera exactement au point F.

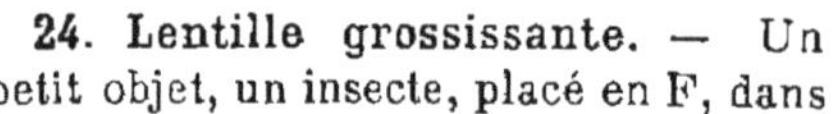

22. Pistolet à vapeur.

24. Lentille grossissante. — Un petit objet, un insecte, placé en F, dans la figure 23, paraîtra grandi, et plus éloigné du ballon, à un observateur qui le regardera à travers la lentille sphérique ainsi formée par le ballon plein d'eau.

23. Lentille ardente.

Si les élèves peuvent apporter une bonne lentille convexe, on produira sur une feuille blanche, faisant écran, l'image renversée du paysage vu par la fenêtre ouverte.

Si l'on dispose d'un prisme de verre (bouchon de carafe taillé, pendeloque de lustre), on ne manquera pas de produire le spectre solaire.

Les principaux phénomènes de réflexion et de réfraction de la lumière se reproduisent assez facilement, mais dans des conditions qui dépendent des ressources matérielles, et que le maître saura indiquer aux élèves suivant les circonstances.

Il en sera de même pour les expériences relatives à la propagation et à la réflexion du **son**; voici l'indication de quelques-unes des plus intéressantes :

Une tige de bois (grande règle, canne, etc.) conduit bien le son; si l'on place cette tige entre un diapason et un violon, celui-ci rend le son du diapason en vibrations.

Ces vibrations sont produites par un mouvement de va-et-vient qu'il est facile de mettre en évidence en fixant une soie de brosse, par de la cire, à l'une des branches du diapason et en faisant passer rapidement cette soie sur un verre enfumé, quand le diapason vibre; on obtient des sinuosités très régulières, dont le nombre égale celui des vibrations.

Un fil métallique tendu sur une caisse, ou simplement sur un morceau de bois, permet de montrer les rapports entre deux sons à l'octave, à la quinte, etc. (V. les *Sciences physiques;* Leçons de choses expérimentales — 1re partie.)

VII. Électricité.

25. Certains corps, tels que le papier sec, s'électrisent par le frottement; l'électrisation se manifeste par des attractions ou des répulsions.

L'une des expériences les plus simples et les plus concluantes est la suivante : une bande de papier pliée en deux, dans le sens de la longueur, est placée en équilibre sur un support formé d'une aiguille à tricoter plantée dans une tranche de pain ou de pomme, ou dans le bouchon d'une fiole, etc. Cette bande de papier est très mobile; si l'on en approche une autre bande *séchée* devant un bon feu, ou au-dessus du verre d'une lampe allumée, et ensuite *frottée* par simple passage entre deux doigts, une vive attraction se produit.

On peut remplacer le papier frotté par un bâton de cire à cacheter, un manche de porte-plume en ébonite, etc.

25. Attractions et répulsions électriques.

Si l'on recommence l'expérience après avoir *séché* et *frotté*, c'est-à-dire *électrisé* la feuille de papier supportée par l'aiguille, au lieu d'une attraction, on obtient une répulsion.

Une bande de papier électrisée s'attache au meuble, au mur dont on l'approche ; elle attire les corps légers, fait dresser les cheveux sur la tête, etc.

Pour l'électriser fortement, on la frotte énergiquement d'une brosse, d'une étoffe de laine, ou simplement de la main, après l'avoir placée sur une planchette préalablement chauffée au point de la rendre brûlante.

26. Sur une large bande de papier électrisée fortement, comme il vient d'être dit, on étend une feuille d'étain (*fig.* 26), celle-ci s'électrise par induction ou influence de la feuille électrisée. Si l'on soulève la bande de papier supportant la feuille d'étain, on en pourra faire jaillir une étincelle en approchant le doigt.

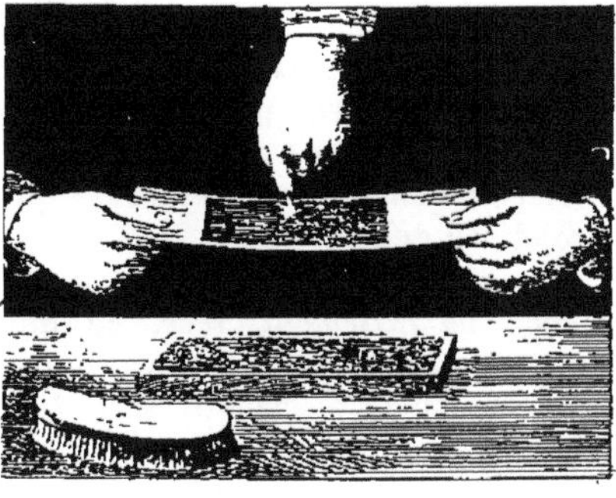

26. Étincelle électrique.

L'étincelle est une manifestation de l'électricité; celle qui s'échappe du nuage orageux est de même nature.

27. Électrophore. — En coulant sur la planchette (*fig.* 26) un peu de colophane ou de résine fondue, on aura réalisé le gâteau d'un électrophore. Le chapeau se fera d'un disque de bois recouvert d'étain et muni d'un manche formé d'une tige de verre, ou simplement d'une baguette de bois paraffinée ou revêtue d'un bout de tube de caoutchouc. Plus simplement encore, le chapeau de l'électrophore pourra être formé d'un plat métallique verni, émaillé, étamé ou non, peu importe; il suffit qu'il soit propre et qu'il ne présente aucune arête tranchante, aucune partie pointue. On suspend le plateau par un fil de soie attaché aux deux anses (*fig.* 28).

Une plaque d'ébonite remplace avantageusement la planchette revêtue d'une mince couche de résine ; dans les deux cas, on frotte d'un chiffon de laine, ou de soie, chaud et sec.

28. Paratonnerre. — Frotter énergiquement le plateau de résine ou d'ébonite de l'électrophore; poser dessus le plateau formant chapeau, le toucher du doigt, le soulever par le manche ou le fil isolant et approcher à nouveau le doigt : on tire une étincelle. Recommencer, et avant de tirer l'étincelle, approcher, *sans toucher*, une aiguille tenue à la main : on ne peut plus tirer d'étincelle.

28. Pouvoir des pointes.

Recommencer et placer le plateau métallique électrisé au-dessus d'un pantin : celui-ci lève les bras ; approcher une aiguille, aussitôt les bras retombent. Si l'aiguille est piquée dans une gomme (mauvais conducteur) et approchée en tenant la gomme sans toucher l'aiguille, les bras du pantin restent soulevés, c'est-à-dire que l'aiguille ne décharge pas le plateau électrisé si elle ne communique pas avec le sol. Explication du paratonnerre.

Recommencer en mettant le pantin dans le plateau : il est violemment projeté au dehors.

Ces expériences réussissent très bien, à la condition que tous les objets soient *parfaitement secs*, ce qui s'obtient en plaçant près d'un feu vif ceux que la chaleur ne ramollit pas ; la réalisation des démonstrations précédentes sur l'électricité sera facile en hiver, près d'un poêle en pleine activité.

29. Pile électrique. — A défaut d'une pile achetée toute faite, on peut en construire une comme celle qui est indiquée plus loin (télégraphe électrique) au moyen d'une lame de zinc et d'une lame de cuivre, ou mieux de charbon, réunies sur un morceau de bois *sans contact* entre les clous ou les vis d'attache. Les deux lames zinc et cuivre plongent dans un verre contenant de l'eau et de l'acide sulfurique.

Si les deux lames sont faites l'une de zinc, l'autre de charbon, on ajoute du bichromate de potasse au liquide acidulé, et l'action est plus énergique.

30. Électro-aimant. — Le fil métallique conducteur avec lequel on réunit les deux lames ou *pôles* de la pile est traversé par un courant électrique. Si ce fil s'enroule autour d'un clou, celui-ci devient un aimant; l'*électro-aimant* ainsi obtenu attire d'autres clous, des plumes d'acier, de la limaille de fer. L'attraction cesse quand le courant ne passe plus, c'est-à-dire quand la communication est rompue avec l'un des pôles de la pile, ou en un point quelconque du fil conducteur.

31. Une pile, un petit électro dont le noyau est un clou planté dans une planchette, un couteau de table et deux bouchons, suffisent pour mettre en évidence le principe de la télégraphie électrique. Le couteau repose par le manche et la virole sur deux bouchons fixés sur la même planchette que l'électro; celui-ci se trouve sous le milieu et à une très faible distance de la lame du couteau. L'un des bouts du fil conducteur de l'électro est fixé au zinc Z de la pile; l'autre bout, disposé en interrupteur I, est placé au-dessus du charbon C. En appuyant sur I de façon à toucher le pôle C, la communication se trouve établie, et le courant passe : la lame de couteau est attirée et s'abaisse; en rompant la communication en I, l'attraction cesse et le manche du couteau retombe.

31. Principe de la télégraphie électrique.

VIII. Pesanteur.

32. Levier. — Les principales conditions d'équilibre du levier sont faciles à réaliser expérimentalement; une règle ordinaire percée en son milieu d'un trou par lequel passe un fil qui la suspend formera le levier ; deux plateaux confectionnés chacun d'une moitié de carte de visite suspendue par quatre fils figureront la puissance et la résistance. On fera varier la longueur des bras de levier et les poids (des sous) placés dans les plateaux : l'équilibre est obtenu quand le produit des nombres exprimant le poids en grammes et la longueur en centimètres est le même des deux côtés.

33. Niveau des liquides. — Un entonnoir et un tube de verre réunis par un caoutchouc suffisent à la réalisation des expériences les plus importantes; si le tube est effilé on pourra faire, en petit, un jet d'eau.

34. Pression atmosphérique. — Répéter les expériences du cours moyen (page 103). Expérience de Torricelli. Évaluation de la hauteur barométrique, de la force élastique des gaz, etc., selon les moyens matériels dont l'école disposera.

35. Écoulement des liquides. — Les tubes de verre des appareils de chimie permettront de construire un siphon, de l'amorcer de diverses manières et de le faire fonctionner.

Pour ces dernières expériences et quelques autres sur les manomètres, les pompes, etc., nous renvoyons à nos *Leçons de choses expérimentales :* PREMIÈRE PARTIE — PHYSIQUE (200 expériences sans appareils).

Expériences de chimie.

Il ne sera pas inutile de répéter les expériences du cours moyen. Ici, comme précédemment en physique, les indications données ont pour but de permettre aux élèves les plus adroits de préparer la partie matérielle des leçons expérimentales ; le maître indiquera les quantités des substances à employer et se chargera, en général, de toute la partie délicate de la manipulation.

IX. Matières minérales.

36. Corps simples. — Les élèves seront invités à apporter un fragment de tous les corps simples (charbon, soufre..., métaux divers) qu'il pourront se procurer : une petite collection résultera du choix des apports.

37. Corps composés. — Réunir une petite collection des principaux composés usuels (acides, bases, sels), que les élèves ou le maître auront pu recueillir. Il importe surtout de réunir les principaux engrais ; voici les échantillons qu'il sera utile de rassembler :

Engrais azotés. — Suie, tourteaux, sulfate d'ammoniaque, nitrate de soude (salpêtre du Pérou).

Engrais phosphatés. — Os blancs (calcinés), noir des raffineries, phosphate précipité, phosphates naturels, superphosphate, scories de déphosphoration.

Engrais potassiques. — Cendres, sulfate de potasse, chlorure de potassium (sels de Stassfurt), salpêtre ordinaire ou nitrate de potasse (cet engrais est aussi azoté).

En outre de la chaux et du plâtre.

Il sera utile de faire quelques cristallisations ; voici deux exemples intéressants :

Cristallisation du sulfate de cuivre. Ce sel, d'un usage très répandu aujourd'hui en agriculture, viticulture, horticulture, etc., se dissout dans la moitié seulement de son poids d'eau bouillante ; quand la solution se refroidit, le sel cristallise en partie. De l'eau à 30° dissout à peine la moitié de son poids de sulfate de cuivre ; l'eau froide n'en dissout plus que le tiers.

Si donc on fait dissoudre dans de l'eau chaude (mais non encore bouillante afin de diminuer la perte par évaporation) un poids égal de sulfate de cuivre et qu'on abandonne au refroidissement la solution claire (filtrée au besoin), on obtiendra des cristaux réguliers de sulfate de cuivre.

Préparation de bouillie bordelaise, action du lait de chaux suivant qu'on le verse dans la solution de sulfate de cuivre ou qu'on verse au contraire le sulfate dans le lait de chaux. Différence des résultats selon qu'on opère à chaud ou à froid. Action du fer sur le sulfate de cuivre.

Préparation et cristallisation du salpêtre ordinaire. Prendre dans la collection d'engrais, d'une part du nitrate de soude (salpêtre du Pérou), d'autre part du chlorure de potassium (de Stassfurt), et faire une dissolution saturée, bouillante, de chaque produit. Mêler ensuite quatre parties de la solution de chlorure et une partie de la solution de nitrate ; par refroidissement, on obtient des cristaux de salpêtre ordinaire ou nitrate de potasse ; il y a eu, entre les éléments des deux sels, l'échange suivant :

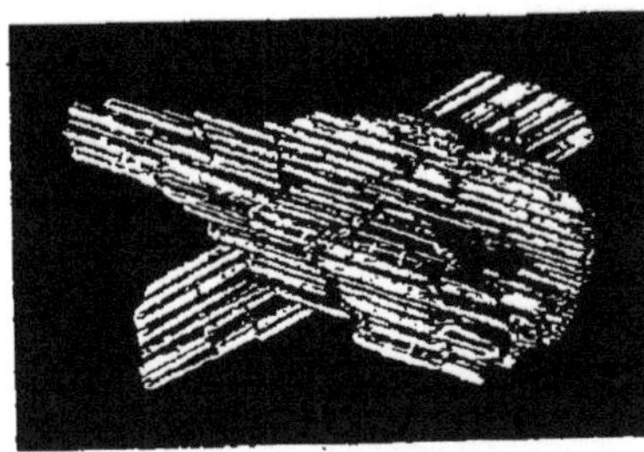

37. Cristaux de salpêtre ordinaire.

azotate de soude + chlorure de potassium

ont donné :

azotate de potasse + chlorure de sodium.

X. Matières organiques.

38. Décomposition. — Les matières organiques se décomposent rapidement et, sous l'action de la chaleur, laissent dégager des gaz inflammables (exp. 13.

38. Dégagement et inflammation du gaz des marais.

— Cours moyen). Sous l'action de l'air et de l'eau, la décomposition se fait sans chaleur élevée ; il se dégage encore des gaz inflammables, mais aussi des gaz infects (putréfaction) ; c'est dans ces conditions que se forme l'humus du terreau ; l'azote s'y trouve à l'état d'ammoniaque, puis de nitre.

En agitant la vase d'une mare, il se dégage un gaz que l'on peut enflammer (*fig.* 38). Ce gaz peut être recueilli en opérant comme il est indiqué dans un angle de la même figure, à droite. La bouteille remplie de gaz des marais peut servir à l'expérience 14 indiquée au cours moyen.

39. Ammoniaque. — En mêlant de la chaux à du sulfate d'ammoniaque, il se dégage un gaz piquant : le gaz ammoniac. Une matière organique en putréfaction produit de l'ammoniaque que la chaux peut faire dégager ; c'est ce qui arrive en faisant bouillir, par exemple, du purin ou de l'urine putréfiée avec de la chaux.

Dans le ballon B, on place le lait de chaux additionné de purin putréfié, ou pour plus de commodité de sulfate d'ammoniaque (échantillons d'engrais). Le flacon F est vide, le flacon F′ contient un peu d'eau, il est refroidi dans une terrine d'eau froide. En F, on obtient du *gaz ammoniac*, en F′ une dissolution du même gaz, c'est-à-dire de l'*alcali volatil*.

39. Appareil distillatoire.
Préparation de l'ammoniaque.

Cette expérience permet de constater les principales propriétés de l'ammoniaque ; elle met en évidence les inconvénients qui résulteraient du mélange de la chaux avec un engrais renfermant de l'ammoniaque (fumier, guano, sels ammoniacaux). Voir, pour les détails, *Introduction à l'enseignement agricole*, page 77.

XI. Terre végétale.

40. Terre arable. — En mettre 20 grammes dans un verre à expériences après en avoir séparé les pierres, ajouter de l'eau, agiter et, par décantations successives, séparer en deux : l'eau entraîne l'argile, le sable et le gravier restent au fond du verre. Laisser déposer l'eau de lavage et recueillir l'argile. Traiter le sable et le gravier par de l'eau additionnée d'acide chlorhydrique jusqu'à cessation d'effervescence ; filtrer [1] ; la silice reste sur le filtre. Ajouter du carbonate de soude au liquide filtré, la craie se reforme ;

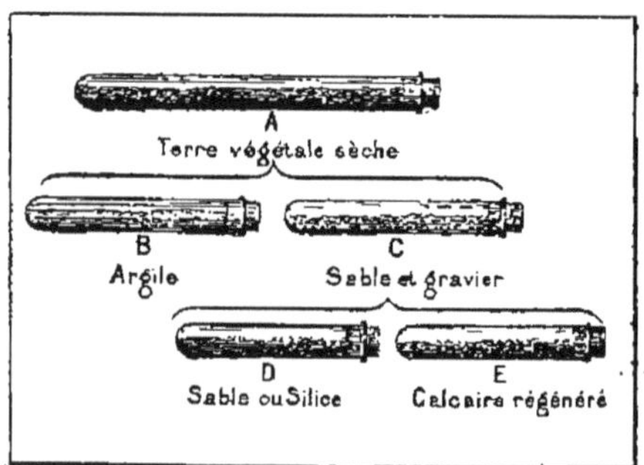

40. Composition de la terre arable.

---

1. La préparation d'un filtre est indiquée dans les exercices de pliage (travaux manuels). — Voir aussi Introduction à l'enseignement agricole, page 16.

on la sépare au moyen d'un nouveau filtre. Les diverses phases de cette opération pourront être représentées par un tableau formé de cinq tubes ou flacons A, B, C, D, E, disposés comme l'indique la figure 40 et renfermant la terre et ses éléments séparés. Bien sécher les produits avant de les enfermer. La terre employée est supposée très pauvre en terreau ; l'argile, la silice et le calcaire qui en forment la presque totalité ne contribuent pas à sa fertilité ; de sorte qu'une analyse parfaite qui en donnerait rigoureusement les proportions ne serait, sauf pour le calcaire, d'aucune utilité au point de vue pratique.

Ce qu'il importe de connaître, ce sont les éléments fertilisants, savoir l'*azote*, l'*acide phosphorique*, la *potasse* et la *chaux*, que renferme le sol à cultiver. Les trois premières de ces substances n'existent en général qu'en faible proportion : 1 kilogramme de terre renferme souvent moins d'un gramme de chacune d'elles. (Voir des résultats d'analyses des terres, page 218.) Le dosage est donc très délicat et ne peut être confié qu'à un chimiste exercé.

41. Cendres des végétaux. — Les éléments fertilisants sont surtout renfermés dans le terreau et apportés par les engrais. Quand une plante pourrit ou quand on la brûle, l'azote s'échappe sous forme d'ammoniaque, la potasse et l'acide phosphorique restent dans les cendres. En traitant des cendres de bois par l'eau d'abord, on séparera la potasse qu'on retrouvera sous forme de carbonate en faisant évaporer la lessive. Les cendres lavées renferment des phosphates, de la silice et du calcaire ; on peut séparer ces éléments et les réunir sous forme d'un tableau analogue au précédent (*fig.* 40).

XII. Le fumier.

La valeur des engrais perdus annuellement en France dépasse un **demi milliard** ; le premier progrès à réaliser consiste donc à diminuer cette perte énorme, ce qui n'exige aucune avance de fonds. Ensuite, avec les bénéfices obtenus, on achètera les engrais complémentaires du fumier, et enfin l'outillage perfectionné.

Ceux qui prétendent que l'emploi des engrais chimiques mène à la ruine sont dans une erreur profonde ; mais ceux qui traitent le fumier de préjugé sont aussi éloignés de la vérité.

Faire saisir au cultivateur l'importance des pertes résultant de son ignorance ou de sa négligence dans sa façon de traiter le fumier, ce sera lui rendre un grand service. Il faut pour cela lui prouver : 1° que les gaz qui se dégagent de son tas de fumier sont d'une grande puissance fertilisante ; 2° que le purin s'écoule ou s'évapore en quantité beaucoup plus grande qu'il ne le suppose ; 3° que les gaz et les liquides perdus ont une valeur considérable et qu'il est facile de réduire la perte dans une notable proportion. Voici des expériences et des observations qui rempliront ce triple but.

42. Puissance fertilisante des gaz du fumier. — Dans deux pots à fleurs remplis de terre épuisée, on a semé du ray-grass ; après germination complète on a fait arriver, dans l'un des pots, par un tube, les gaz qui s'échappent d'une bouteille renfermant du fumier et du purin *frais* : la différence de végétation est bientôt très frappante et va s'accentuant.

CONCLUSION. — Si le gaz échappé d'un peu de fumier suffit à faire pousser une forte touffe d'herbe, le gaz échappé de tonnes de fumier répandu dans

École normale de La Roche-sur-Yon. [1]

42. Puissance fertilisante des gaz du fumier.

la cour serait capable d'augmenter considérablement une récolte de foin, ou toute autre récolte.

Le purin et le fumier qui restent dans la bouteille ont conservé la plupart de leurs principes fertilisants, le vase était presque clos ; le fumier éparpillé sur le sol en a perdu bien davantage, toute proportion gardée.

La figure 42 *bis* représente une autre disposition de la même expérience : le ray-grass a été remplacé par une céréale (orge).

---

[1]. Cette mention placée au-dessous des photogravures indique l'origine des clichés. La Ligue de l'enseignement prête à ses adhérents des vues sur verre pour projections lumineuses représentant la plupart de ces clichés

42 *bis*. Action fertilisante des gaz du fumier.

Voici encore (*fig. 42 ter*) la même expérience complétée par l'addition d'un troisième pot où l'on a fait agir directement le purin.

La perte due à l'évaporation ou à l'écoulement du purin, et au dégagement des gaz ammoniacaux d'un fumier, s'élève parfois aux deux tiers de la valeur de l'engrais; elle atteint souvent la moitié dans beaucoup de nos villages. Il suffit d'examiner une place à fumier pour s'en convaincre; la photographie (*fig.* 43) facilitera les explications à donner dans l'enseignement occasionnel.

Le long d'une rue en pente, à deux pas de la porte de la maison d'habitation, on voit deux places à fumier; sur

42 *ter*. Puissance fertilisante des produits liquides et gazeux du fumier.

Les trois pots sont ensemencés en gazon; A a reçu du purin; C reçoit le gaz dégagé du purin en fermentation dans la bouteille; D n'a rien reçu. On renouvelle l'air du flacon B en soufflant en S, soit au moyen d'un soufflet relié au tube par un caoutchouc, soit autrement l'une, à gauche, la photographie montre des poules éparpillant le fumier à côté de la brouette qui vient de l'apporter. Les jours de pluie, l'eau descendant de la rue doit inonder ce premier fumier; le tuyau de descente d'eau qu'on voit le long du mur à droite doit achever le lavage du second. Il sera intéressant d'évaluer la perte, dans le cas d'une petite exploitation. (V. la note page 26.)

Il y aura en outre des remarques importantes à faire au point de vue de

Bcole normale de Vesoul.

43. Le fumier au village.

Un exemple du peu de soin dont il est l'objet.

l'hygiène, surtout si, comme on le voit à gauche de la figure 43, il existe un puits communal dans le voisinage.

Comme conclusion, on indiquera les soins à prendre pour conserver ses qualités au plus important de tous les engrais; en voici un résumé :

1° Ne pas laisser séjourner le fumier à l'étable, parce que la chaleur et le piétinement du bétail favorisent le dégagement de l'ammoniaque; l'enlever au contraire fréquemment, et l'accumuler en tas présentant la plus petite surface possible à l'air. (Exception pour les moutons.)

2° Rendre étanche le sol des étables et celui de la place à fumier, afin d'éviter toute infiltration de purin; établir des rigoles aboutissant à une fosse également étanche (fosse à purin), et voisine du fumier.

3° Tasser le fumier pour empêcher l'accès de l'air qui produit des moisissures consommant de l'azote; arroser le tas de fumier avec le purin puisé dans la fosse, afin de modérer l'échauffement produit par la fermentation.

XIII. Engrais commerciaux.

44. Engrais chimiques. — Sous ce nom on désigne plus spécialement les nitrates, les sels ammoniacaux et potassiques, les phosphates d'os, les superphosphates et les scories de déphosphoration. Il sera utile d'apprendre aux enfants de la campagne comment on les distingue les uns des autres; à cet effet, on réalisera les expériences suivantes sur les échantillons de la collection (37).

Les nitrates *fusent* sur les charbons ardents; les sels ammoniacaux laissent dégager du gaz ammoniac quand on les mélange avec de la chaux : la chaleur favorise le dégagement; les sels de potasse autres que le nitrate ne fusent pas, et ils ne donnent lieu à aucun dégagement ammoniacal.

Tous les sels précédents sont cristallisés; les phosphates ne le sont pas : leur aspect suffit pour les faire reconnaître.

Les superphosphates sont en partie solubles dans l'eau; si on ajoute, à leur solution claire, une solution également limpide de carbonate de soude, on voit se former un précipité blanc dû au phosphate insoluble qui prend naissance. L'eau dans laquelle on met des phosphates naturels, des scories, du noir animal, ou du phosphate d'os, ne dissout rien : elle ne peut donc donner de précipité par le carbonate de soude.

45. Engrais commerciaux. — Le commerce des engrais livre à l'agriculture, sous divers noms, des matières fertilisantes qui doivent produire des effets merveilleux si l'on en croit les prospectus : les engrais complets pour froment, pour betteraves, pour vigne, les guanos, phospho-guanos, poudrettes, etc., etc., ne doivent être payés que sous garantie d'analyse et d'après le titre de l'azote et de l'acide phosphorique, *sous leurs différentes formes*, et de la potasse qu'ils renferment réellement. (Voir les tableaux, p. 151 et 152.)

Le cultivateur qui ne veut pas être trompé, et qui tient à avoir de la marchandise pour son argent, achète rarement des engrais chimiques tout préparés; il les compose lui-même, après en avoir acheté les éléments séparés, selon les besoins de sa terre, la nature de ses cultures, et en tenant compte de la quantité de fumier dont il peut disposer.

En tout cas, il importe de savoir calculer la valeur réelle des engrais qu'on achète; on fera, à ce sujet, résoudre par les élèves des problèmes analogues aux suivants, en leur donnant les cours les plus récents des trois éléments fertilisants, et après leur avoir expliqué les dispositions de la loi du 4 février 1888 :

   I. On veut donner à 1 hectare de terre une fumure qui lui apporte 60 kilogrammes d'azote, 40 d'acide phosphorique et 70 de potasse. La fumure comprendra d'abord 10 tonnes métriques de fumier de ferme titrant pour 1000 : 5 d'azote, 2 d'acide phosphorique et 6 de potasse. Calculer la composition de l'engrais complémentaire en employant : soit nitrate de soude à 15 0/0 d'azote, superphosphate à 15 0/0 d'acide phosphorique soluble au citrate, et chlorure de Stassfurt à 50 0/0 de potasse ; ou bien sulfate d'ammoniaque à 20 0/0 d'azote, scories de déphosphoration à 10 0/0 d'acide phosphorique et kaïnit (sulfate de Stassfurt) à 25 0/0 de potasse.

   II. Trouver le prix des deux engrais précédents, les cours étant les suivants : azote nitrique 1 fr. 50 ; azote ammoniacal 1 fr. 25 ; acide phosphorique des superphosphates 0 fr. 50 ; des scories, 0 fr. 25 ; potasse 0 fr. 50 dans les deux cas.

III. On offre du nitrate de soude garanti à 16 0/0 d'azote, au prix de 20 francs les 100 kilogrammes, et du sulfate d'ammoniaque également garanti à 20 0/0 d'azote, au prix de 25 francs les 100 kilogrammes. Quel est le marché le plus avantageux ?

École normale de Vesoul.

46. Expériences sur la valeur fertilisante du purin et sur le pouvoir absorbant de la terre arable.

Les trois pots ont été remplis de terre ordinaire, très pauvre en humus. 1 et 2 ont reçu du purin, 2 a été ensuite lavé abondamment à l'eau ordinaire ; 3 n'a rien reçu.

XIV. Pouvoir absorbant du sol.

46. La terre végétale ordinaire possède la précieuse propriété d'absorber tous les éléments fertilisants qui sont mis à son contact, sauf les nitrates. En sorte que si du fumier est couvert de terre, par exemple, rien n'est perdu, les produits gazeux et liquides sont absorbés par la terre ; ils sont fixés à l'état insoluble et l'eau de la pluie ne peut plus les dissoudre, ni les entraîner par conséquent, mais les plantes les absorbent par les poils radicaux de leurs racines. (V. page 107, expérience 17.)

Une terre franche, c'est-à-dire formée de silice, d'argile et de calcaire, jouit à un haut degré de la faculté d'insolubiliser les phosphates ainsi que les sels ammoniacaux et potassiques mis à son contact sous forme de dissolution. Dans l'expérience suivante, il ne faudrait pas remplir les pots d'une terre presque

46 bis. Expérience sur le pouvoir absorbant.

Le n° 1 n'a rien reçu, 2 et 3 ont reçu du purin et 2 a été ensuite lavé.

complètement siliceuse, ou argileuse ou calcaire : il faut que cette terre jouisse des propriétés physiques d'un sol de bonne qualité mais appauvri en matières fertilisantes. Les figures 46 et 46 bis représentent deux spécimens des résultats de cette importante démonstration.

La différence entre les n° 1 et 2 (fig. 46) vient de ce que l'azote du purin était déjà partiellement nitrifié, l'eau de lavage l'a entraîné dans le n° 2 qui a gardé seulement l'azote ammoniacal.

Les conclusions pratiques à tirer de cette démonstration s'appliquent à des sujets aussi intéressants que nombreux : tas de fumier recouverts d'une couche de terre, épandange du fumier au moment du labour, fumier dans les couches à primeurs des jardiniers, confection des composts pour la vigne en Champagne, valeur des curures de fossés, etc.

Cultures démonstratives.

Rappelons d'abord les vérités fondamentales à mettre en évidence :

1° Dans toute terre arable, quatre substances, l'azote, l'acide phosphorique, la potasse et la chaux suffisent à fournir un engrais complet, c'est-à-dire un aliment assurant le parfait développement des végétaux cultivés.

2° L'air doit pénétrer facilement dans le sol, car les racines ne peuvent se passer d'oxygène; elles respirent comme les feuilles; elles doivent trouver partout une nourriture convenable, c'est-à-dire que l'engrais doit être intimement mélangé à la terre dans toutes les parties du sol où elles se développent.

3° Les quatre substances constituant l'engrais complet n'épuisent pas la terre arable, même si elles sont apportées sous forme minérale; toutefois, dans ce dernier cas, les propriétés physiques du sol peuvent être modifiées d'une façon désavantageuse. Les matières organiques, en apparence inutiles, maintiennent la terre dans un état favorable à l'aération et au développement des racines. De sorte que pour fournir à un sol, dans les meilleures conditions, les quatre éléments en proportion convenable, le fumier est le premier engrais indiqué; on le complète par des engrais chimiques appropriés.

4° Un engrais est bien composé s'il apporte à la terre **ce qui lui manque** *pour nourrir les végétaux à cultiver. La composition d'un bon engrais dépend donc non seulement du genre de culture à faire, mais aussi de la nature du sol; il n'est pas possible de préparer un engrais convenant à tous les sols, même pour une seule espèce de plantes. Les formules ou recettes dites infaillibles et partout applicables sont comme les remèdes qui guérissent toutes les maladies : les charlatans seuls les recommandent.*

*5° Pour obtenir des récoltes rémunératrices, il faut que le sol, après avoir reçu l'engrais, renferme les quatre substances nutritives dans une proportion qui dépend de l'espèce des plantes cultivées. L'agriculteur moderne doit savoir que l'***excès*** de l'un des quatre éléments est toujours* **inutile et coûteux**, *en outre, qu'il* **peut devenir nuisible** *s'il y a insuffisance de l'un quelconque des trois autres.*

École normale de Lescar.

47. Étiolement.

XV. Comment vit une plante.

On reprendra d'abord les expériences 16 et 17 du cours moyen, et on les complètera par les suivantes :

47. Dans deux pots, on sème la même graine; quand elle a levé, on place l'un des pots en pleine lumière et on enferme l'autre dans une armoire :

(La suite page 134.)

pour cultures démonstratives en pots ou dans les carrés du jardin.

Les engrais s'emploient de deux manières dans les expériences agricoles : ou bien on les mélange intimement à la terre des pots avant de les remplir, ou à celle des carrés ; ou bien on les dissout de manière à obtenir un liquide concentré qu'on ajoute à l'eau d'arrosage dans des proportions déterminées.

I. ENGRAIS SOLIDE A MÉLANGER A LA TERRE

soit dans les pots, soit dans les carrés du jardin.

Nitrate de soude.................. 2 (*a*)
Superphosphate de chaux........ 3 (*b*)
Chlorure de potassium.......... 1 (*c*)
Plâtre....................... 4
Sulfate de fer 1 0/0 du mélange.

Pour engrais complet, en pots, on emploie 3 grammes de ce mélange par kilogramme de terre, — dans les carrés du jardin, on en répand 100 grammes par mètre carré.

Pour chaque engrais incomplet, on supprime du mélange l'un des trois termes (*a*) (*b*) ou (*c*).

Les formules suivantes, recommandées par M. Grandeau, donnent d'excellents résultats en terre épuisée. On les trouve préparées chez les marchands de produits chimiques. (V. page 98.)

FORMULES POUR :	culture potagère.	plantes d'appartement.
Phosphate d'ammoniaque....................	30 gr.	25 gr.
Nitrate de potasse.........................	45 »	45 »
— soude............................	15 »	» »
— d'ammoniaque....................	» »	30 »
Sulfate d'ammoniaque.....................	10 »	» »
	100 gr.	100 gr.

II. ENGRAIS LIQUIDE A MÉLANGER A L'EAU D'ARROSAGE

de façon qu'elle contienne 1 gramme par litre au début et 5 grammes au plus à la floraison.

On peut employer l'une des deux formules ci-dessus, à la condition d'ajouter à la terre épuisée un peu de plâtre au cas où la chaux lui manquerait.

Les engrais ordinaires peuvent servir ; on les fera dissoudre ainsi :

(*a*) D'une part, nitrate de soude, 30 grammes ; chlorure de potassium, 10 grammes ; sulfate de fer, 1 gramme, dans un demi-litre d'eau chaude.

(*b*) D'autre part, mettre dans un verre 40 grammes de superphosphate et l'imbiber d'acide chlorhydrique ou sulfurique étendu de son volume d'eau ; abandonner un jour, ajouter un quart de litre d'eau chaude et environ 10 grammes de craie en poudre ; agiter et filtrer.

Mêler les deux solutions *a* et *b* et compléter par de l'eau le volume à 1 litre. Cette solution contiendra environ 50 grammes de matières fertilisantes ; pour en avoir 1 gramme, il faudra prendre 20 centimètres cubes de cet *engrais concentré*. L'indiquer sur l'étiquette de la bouteille qui le renfermera.

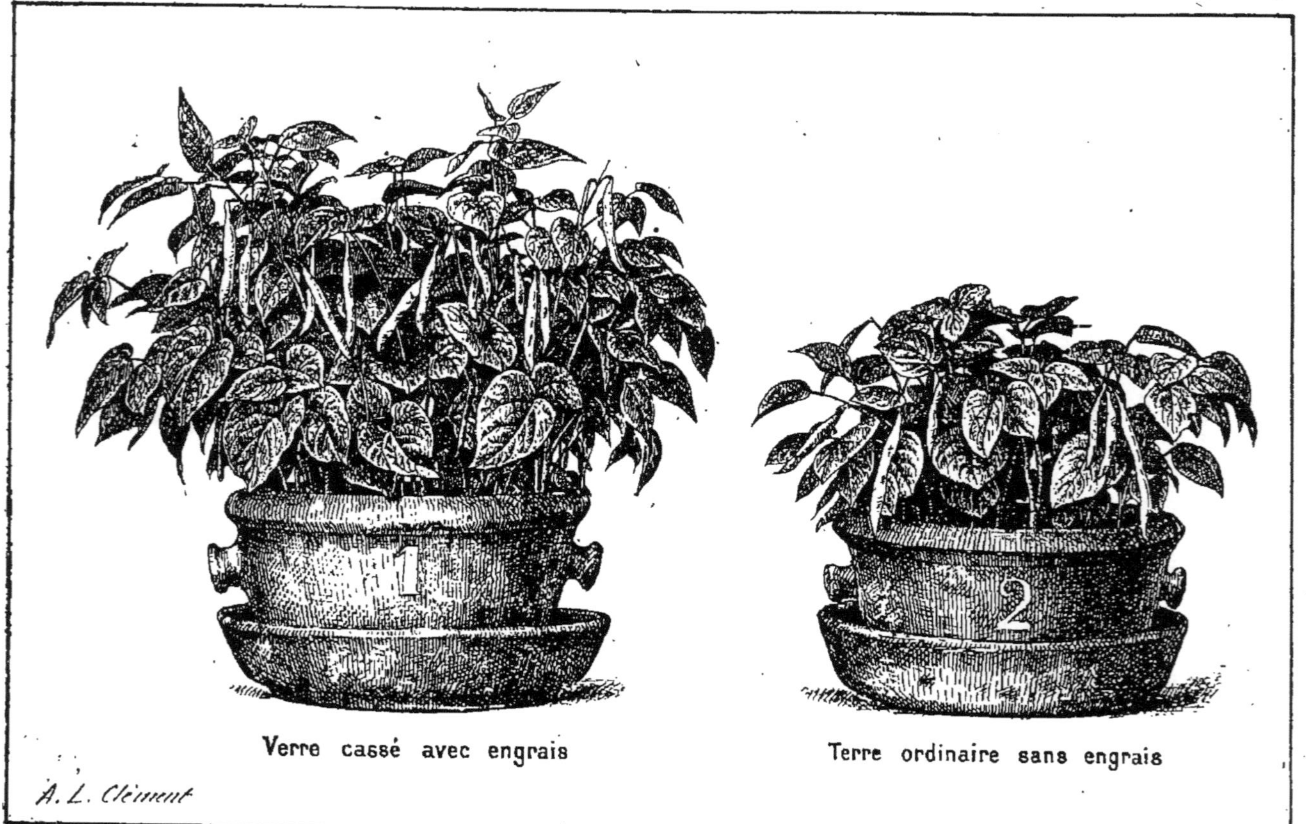

(*Voir* page 138).

École communale des Herbiers (Vendée).

Spécimen des cultures démonstratives en pots.

NOTA. — Dans l'ouvrage complet, cette planche est tirée en couleurs.

École normale de Cahors.

48. Évaporation par les feuilles.

la couleur verte fait défaut à la plante qui a été privée de lumière. Application aux salades, aux artichauts, etc.

Compléter cette expérience par une autre bien connue qui permet de constater le dégagement d'oxygène sous l'action du soleil, par des feuilles fraîches immergées dans de l'eau contenant un peu d'acide carbonique en dissolution.

48. Les feuilles sont le siège d'une évaporation rapide qui les maintient fraîches : une feuille détachée d'un végétal et une feuille semblable encore fixée à la tige ont des températures très différentes quand elles sont exposées l'une près de l'autre à la chaleur solaire.

La rapidité de l'évaporation est mise en évidence par la simple expérience sui-

vante : sur l'un des plateaux d'une balance, on place un pot à fleurs dans lequel pousse une plante, un pied de tomate par exemple ; sur l'autre plateau se trouve un pot semblable rempli de terre seulement et faisant équilibre au premier. On a eu soin d'arroser également les deux pots quelques heures avant la mise en train de l'expérience. On ne tarde pas à voir la balance s'incliner du côté du pot vide et, à la fin de la journée, la différence est représentée par plusieurs hectogrammes, si l'on a opéré en plein soleil.

49. Étude des racines. — On la fera surtout au moyen des cultures dans l'eau indiquées plus loin. On n'oubliera pas que, dans ces conditions, la végétation n'est pas toujours normale, car les conditions d'opération ne le sont pas davantage. Aussi remarque-t-on souvent des anomalies ; exemple : la figure 49 repré-

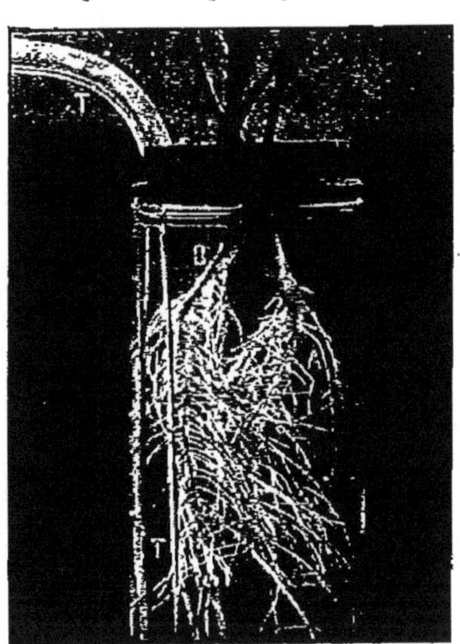

École communale de Mantes.

49. Racines de radis poussant dans l'eau.

Le tube **T** servant à l'aération du liquide paraît brisé dans l'eau (réfraction).

sente des racines de radis se développant dans un vase étroit (fiole à pilules), les poils radicaux sont à peine visibles sur les jeunes racines, et ils ont persisté sur toute la longueur de deux racines principales A et B.

AVIS IMPORTANT. — *C'est pour s'être trop éloignés des conditions normales dans les expériences de cultures démonstratives que plusieurs opérateurs ont abouti à un échec : tantôt la terre des pots manque des qualités physiques nécessaires, ou bien l'eau des flacons n'est pas assez-souvent-aérée; tantôt les cultures sont placées trop à l'ombre, ou trop au soleil contre un mur dont le rayonnement élève la température d'une façon exagérée, etc. En général, il faut opérer en plein air et en pleine lumière, et ne pas oublier d'arroser.*

50. Cultures dans l'eau. — Ce genre de démonstration est aussi intéressant qu'instructif; le procédé suivant donne généralement de bons résultats.

La graine est placée dans le trou central du bouchon fermant un flacon rempli d'eau; un second trou pratiqué sur le côté (*fig.* 50), donne passage à un tube qui permet d'aérer le liquide, de le compléter, ou de l'enlever et de le remplacer.

Pour soutenir la plante, on dispose des baguettes attachées au flacon par une ficelle ou un fil de fer.

École normale de La Roche-sur-Yon.

50. Pied de haricot cultivé dans l'eau.

Sous l'action de la lumière, le liquide nutritif préparé comme il est dit page 135, se peuple d'algues vertes qui l'appauvrissent rapidement et empêchent de voir les racines; on évite cet inconvénient en enfermant le flacon dans une boîte de carton ou simplement dans une enveloppe en papier goudronné qui intercepte le passage de la lumière, et qui est mobile de façon à permettre les observations.

Si le liquide nutritif venait à se gâter, ce qui arrive souvent quand il touche le bouchon, et ce qu'on reconnaîtrait à son odeur ou à son trouble, on le siphonnerait au moyen d'un caoutchouc adapté au tube plongeant et sans

(*La suite page 137.*)

École normale de Lescar.

Influence du buttage sur le développement du maïs (*V. page* 149).

Spécimen d'expériences au jardin.

NOTA. — Dans l'ouvrage complet, cette planche est tirée en couleurs.

(Suite de la page 135.)

incliner le vase, de façon à ne point blesser les racines; on remplirait ensuite le flacon de liquide neuf au moyen d'un entonnoir adapté au même caoutchouc.

Au début de l'expérience, le liquide nutritif devra contenir, par litre, environ 1 gramme de matières fertilisantes solubles; à mesure que la plante grandit, on augmente progressivement la dose pour atteindre, à la floraison, 5 grammes par litre de liqueur nutritive servant au remplissage quotidien du flacon d'expérience.

Après la floraison, on supprime toute nourriture, c'est-à-dire qu'on ne donne plus que de l'eau ordinaire pour remplacer celle qui disparaît par évaporation : la fructification se fait normalement (résorption).

CONCLUSIONS. — L'air, l'eau et les quatre substances contenues dans la liqueur nutritive suffisent au développement complet d'une plante. Si les quatre éléments nutritifs étaient donnés pendant trop longtemps ou s'ils étaient répandus trop tard dans un sol, les plantes cultivées les utiliseraient incomplètement et les mauvaises herbes en profiteraient.

51. Culture en milieux stériles. — Les expériences suivantes ont le même but que les cultures dans l'eau ; mais elles sont, en général, plus faciles à conduire et permettent par conséquent de beaucoup plus nombreuses comparaisons.

En 1840, on croyait encore qu'un engrais devait être nécessairement formé de matières en putréfaction ; aujourd'hui, l'on sait que quatre substances : l'*azote*, l'*acide phosphorique*, la *potasse* et la *chaux* suffisent, en

École normale de Cahors.

50 bis. Tomate poussant dans l'eau.

Les racines doivent toujours être immergées dans le liquide, sans que celui-ci touche le bouchon.

outre de l'air et de l'eau, si on les associe en proportion et quantités convenables, pour permettre à tout végétal de se développer normalement.

La figure 51 représente une double expérience faite d'une part en terre peu fertile, d'autre part dans du verre cassé dont la stérilité est indiscutable. Le premier pot de chaque groupe (A et C) a reçu les éléments nutritifs ci-dessus indiqués.

Les deux pots B et D n'ont reçu aucun engrais; ce sont les réserves accumulées dans les cotylédons qui ont fourni la plus grande partie des éléments nutritifs, surtout en D où le milieu est tout à fait stérile; en B, la terre a

9

fourni quelque chose de plus, aussi les gousses ont-elles donné au moins une graine.

Les deux pots A et C ont reçu, après la levée, mélangée à l'eau d'arrosage, une solution renfermant du *nitrate de soude*, du *superphosphate de chaux*, du *chlorure de potassium* et un peu de *sulfate de fer* destiné à prévenir la chlorose. (Voir page 132).

La planche en couleur de la page 133 représente une expérience analogue et des mieux réussies.

CONCLUSIONS. — Le sol est surtout un *support* pour la plante et, en outre, un *garde-manger;* mais plus des neuf dixièmes des matériaux qui le

École normale de Vesoul.

51. Haricots cultivés en milieux stériles.

Deux pots A et B remplis de terre épuisée.
—   C et D   —   verre cassé.

forment sont sans intérêt au point de vue de leur composition chimique : ils ont de l'importance seulement par leurs propriétés physiques. Ce qui nourrit la plante, c'est l'*azote*, l'*acide phosphorique*, la *potasse* et la *chaux* renfermés dans le sol ; il faut donc ajouter à une terre ceux de ces éléments qui ne s'y trouveraient pas en quantité suffisante : c'est là le rôle des engrais.

L'expérience précédente peut être renouvelée dans la même terre; elle donne les mêmes résultats chaque année, indéfiniment, si l'on opère de la même manière, ce qui prouve que *les engrais*, même chimiques, *n'épuisent pas le sol;* ce sont les récoltes qui l'épuisent.

XVI. Équilibre des éléments de l'engrais.

Les expériences suivantes ont pour but de montrer : 1° l'effet produit par l'absence de l'un des quatre éléments dans l'engrais, ou plutôt de l'un des trois premiers : *azote, acide phosphorique* ou *potasse;* il serait difficile d'éliminer la chaux dans des expériences qui doivent rester simples; 2° la nécessité d'équilibrer, dans un sol, les quatre éléments, de manière à obtenir le meilleur résultat et, sous peine de produire parfois un effet plus nuisible qu'utile, en donnant à une terre un engrais mal approprié.

Les exemples cités ont été multipliés, afin de montrer l'intérêt que présentent ces expériences ; il suffira, chaque année au cours supérieur, d'en réaliser une ou deux.

École normale de Lescar.

52. Engrais complet ou incomplet.

Blé semé le 10 octobre 1892, photographié le 20 mars 1893. La terre des deux pots avait reçu d'abord un engrais auquel ne manquait que l'azote ; ensuite, le 1er mars, on a donné du nitrate au no 2. Le no 1 n'a pas été nitraté.

52. Engrais complet ou incomplet. — Quand les éléments de l'engrais ne sont pas au complet, la végétation l'accuse. Dans plusieurs pots contenant la même terre stérile, et recevant la même graine, on donne, à l'un, un engrais contenant les quatre éléments ; à l'autre, un engrais incomplet : la différence est manifeste aussitôt après la période de germination, et elle s'accentue à mesure que les plantes s'accroissent.

L'expérience suivante est plus complète ; cependant, elle manque, comme la précédente, d'un terme de comparaison important qu'on appelle le témoin :

c'est un pot contenant la même terre que les autres, mais ne recevant aucun engrais.

52 *bis*. Culture de sarrasin en terre épuisée.

Le n° 2 a reçu un engrais complet; il manque au n° 1, l'acide phosphorique; au n° 3, l'azote; au n° 4, la potasse.

53. L'expérience représentée par la figure 53 est assez complète et très concluante; elle comporte le témoin.

De cette expérience, il ne faudrait pas conclure que le meilleur engrais pour la culture des haricots est celui qu'a reçu le n° 2. On peut dire que cet engrais convient pour une terre pareille à celle des pots; mais si cette terre avait été riche en phosphate, les haricots du n° 3 eussent été aussi beaux que ceux du n° 2, tandis que la récolte a été inférieure même à celle du témoin qui n'a reçu aucun engrais. Le n° 4

53. Culture de haricots en terre stérile.

Le n° 1 n'a reçu aucun engrais, c'est le témoin. Le n° 2 a reçu l'engrais complet; il manque : au n° 3, l'acide phosphorique ; au n° 4, l'azote; au n° 5, la potasse.

est supérieur au témoin; le n° 5 est celui qui s'approche le plus du n° 2, et si la terre eût été suffisamment pourvue d'azote — ou de potasse — le n° 4 — ou le n° 5 — eût égalé le n° 2.

La conclusion à tirer de cette expérience est la suivante : En ajoutant un engrais quelconque à une terre, son action peut être plus nuisible qu'utile ; cependant l'engrais complet, tel que celui qu'a reçu le n° 2, donne en général de bons résultats ; reste à savoir, pour chaque cas, si son prix de revient est inférieur à la valeur de l'augmentation de récolte qu'il provoque : c'est l'affaire du champ de démonstration.

L'ensemble d'une même expérience (page 143, *fig* 53 *bis*) représente les diverses phases d'une démonstration analogue à la précédente : les nos 1, 3 et 4 ont donné sensiblement le même résultat final, soit 6 grammes de grain, tandis que le n° 4 en a donné six fois et le n° 2 sept fois autant.

École normale de Savenay.

54. Blé de printemps.

Semé le 14 mars, photographié le 2 juin 1893.

54. Engrais intensif. — L'engrais complet, formé uniquement de sels minéraux (ou mieux de fumier additionné d'engrais complémentaires dans des proportions déterminées par la nature du sol et le genre de culture), peut être appliqué en quantités variables. Quand on augmente notablement la dose ordinaire, dans le but de rendre l'effet plus intense, on qualifie l'engrais d'intensif.

Dans les expériences 54, 54 *bis* et 54 *ter*, on a employé six pots au lieu de cinq ; l'un d'eux a reçu une double dose d'engrais complet ; les cinq autres ont été traités comme précédemment.

Les pots (*fig.* 54) ont été remplis de sable de Loire ; le n° 6 est le témoin. La dose d'engrais a été la suivante pour le n° 2 (engrais complet) : nitrate de soude (*a*) 6 grammes, superphosphate (*b*) 9 grammes, chlorure de potassium (*c*) 3 grammes. Le n° 1 a reçu une dose double. Le n° 5 manque de potasse, il a reçu (*a*) et (*b*) ; le n° 4 manque d'acide phosphorique, il a reçu (*a*) et (*c*) ; enfin le n° 3 manque d'azote, il a reçu (*b*) et (*c*).

Voici (*fig.* 54 *bis*) une expérience analogue faite sur le lin avec des doses d'engrais supérieures en azote. L'engrais complet, pot n° 2, était formé de : nitrate de soude 10 grammes, superphosphate 5 grammes, chlorure de potassium 2 gr. 1/2 ; le reste dans les mêmes rapports que pour l'expérience précédente.

Le chanvre se prête bien aux expériences de cultures démonstratives à la condition d'arroser abondamment, sans toutefois que l'eau déborde des assiettes : les nitrates seraient entraînés, car ils échappent au pouvoir absorbant du sol.

L'examen des résultats obtenus dans les cinq expériences précédentes nous montre que la diminution de récolte due à l'absence, ou au moins à l'insuffisance de l'un des éléments nutritifs, varie avec la nature de cet élément, avec l'espèce du végétal cultivé et, il faut ajouter, avec la composition du sol.

L'élément dont l'absence se fait le plus manifestement sentir dans la culture

École normale de Savenay.

54 *bis*. Lin cultivé dans du sable.

1, intensif; 2, complet; 3, sans azote; 4, sans acide phosphorique; 5, sans potasse; 6, témoin sans engrais.

des haricots (*fig.* 53) est l'acide phosphorique. Pour l'avoine (*fig.* 53 *bis*), le défaut d'acide phosphorique a été aussi pernicieux que le défaut d'azote. Dans l'expérience 54, le défaut d'azote (pot n° 3) a été moins nuisible pour le blé que le défaut de phosphate (pot n° 4); cela ne signifie pas que l'acide phosphorique soit moins nécessaire au blé qu'à l'avoine : les exigences de ces deux céréales sont analogues, mais il faut tenir compte des éléments fertilisants du sol.

L'expérience sur le lin (*fig.* 54 *bis*) donne un n° 4, sans phosphate, bien inférieur au témoin; il en est de même dans l'expérience sur le chanvre (*fig.* 54 *ter*) où le n° 2, sans potasse, et le n° 3, sans azote, sont également inférieurs au témoin. C'est le cas de tirer cette conclusion : *l'insuffisance de l'un des quatre éléments a rendu non seulement* **inutile,** *mais* **nuisible,** *la dépense d'engrais.*

Pour être rémunérateur, l'emploi des engrais doit être rationnel, c'est-à-dire qu'il faut approprier sa composition, à la fois, à la nature de la terre et à celle de la plante; rappelons qu'*un engrais est bien composé quand il apporte au sol* **ce qui lui manque** pour nourrir les végétaux à y cultiver.

TROIS PHASES D'UNE MÊME EXPÉRIENCE

15 mai.

12 juin.

14 juillet.

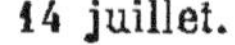

École normale d'Auxerre.

53 *bis*. Avoine semée le 9 avril 1893.

(9 grains dans chaque pot rempli de sable de rivière.)

		Témoin.	Complet.	— Ph.	— Az.	— KO.
Récolte (9 août 1893).	Poids des grains.	6 gr.	42 gr.	6 gr.	6 gr.	34 gr.
	Nombre de —	218	2040	347	230	2000
	— tiges.	21	97	35	27	78
	Poids total.	21 gr.	201 gr.	35 gr.	28 gr.	111 gr.

Déterminer ce qui manque à une terre est un problème difficile à résoudre; une pratique intelligente et éclairée par la science permet d'y parvenir; les renseignements que fournit l'analyse de la terre sur sa teneur en chacun des éléments fertilisants offrent, à cet égard, un intérêt tout particulier, mais ils ne

École normale de Dax.

54 *ter*. Expériences avec le chanvre.

1, témoin; 2, sans potasse; 3, sans azote; 4 sans phosphate; 5, complet; .
6, intensif.

peuvent être demandés qu'à un chimiste exercé. (V. page 124.) Les champs de démonstration remplacent le laboratoire ou mieux en complètent les indications, mais s'ils ne sont pas établis dans les conditions qui en assurent le parfait succès (V. page 89), ils sont plus nuisibles qu'utiles. Pour l'école rurale ordinaire, les cultures démonstratives en pots et au jardin suffisent; en tout cas, c'est par elles qu'il faut commencer.

CONCLUSIONS. — En donnant de l'engrais à une terre, on a surtout pour but de lui fournir un ou plusieurs des trois éléments, *azote, acide phosphorique, potasse;* en outre, aux sols dépourvus de calcaire, il faut ajouter la *chaux.* Pour régler la quantité de chacun des éléments nécessaires, on calcule ordinairement celle que renferme une bonne récolte de la plante à cultiver (V. le problème I, page 128 et les tableaux pages 151 et 152); on détermine ensuite le poids qu'il faut prendre des engrais dont on dispose pour fournir cette quantité. Si le sol est appauvri, il faut d'abord lui rendre sa fertilité et en outre lui restituer ce que les récoltes enlèvent. (V. page 219.)

On a prétendu que chaque plante a une *préférence* marquée pour un seul des trois premiers éléments nutritifs, et on a appelé *dominante* « l'élément privilégié qui joue, *suivant la nature de la plante,* un rôle *prépondérant* et *régulateur* ».

Les trois éléments fertilisants entrant en quantités et en proportions inégales dans la composition des divers végétaux, il n'est pas nécessaire de démontrer que, de trois quantités inégales, l'une est supérieure aux deux autres. Le tableau de la page 151 montre la différence de composition des végétaux; il est clair qu'il faudra tenir compte de cette composition dans la distribution des engrais, et que la proportion d'azote et de potasse, par exemple, ne sera pas la même dans deux engrais destinés l'un à un champ de blé, l'autre à une vigne : on tiendra compte des renseignements dudit tableau, mais aussi de la nature du sol, et l'on n'accordera pas une importance exagérée à l'action dite *prépondérante,* pour une plante déterminée, de tel élément, en lui subordonnant tout le reste. Les choses ne se passent pas aussi simplement dans le sol où les éléments fertilisants se trouvent associés de manières si diverses; la végétation devient anormale quand l'équilibre de ces éléments est rompu ; c'est ce qui arrive pour la culture des céréales, par exemple, si l'on force la dose en azote dans une terre riche en cet élément et pauvre en potasse et acide phosphorique : on amène infailliblement la *verse.* Et cependant les céréales demandent beaucoup d'azote.

Dans l'expérience 53 *bis,* page 143, l'acide phosphorique et l'azote étaient aussi nécessaires l'un que l'autre à l'avoine; il en a été de même (*fig.* 54 *ter*) pour l'azote et la potasse dans la culture du chanvre : on pourrait donc dire qu'il y a, dans chacun de ces cas, deux dominantes; c'est-à-dire, d'après la définition donnée plus haut, qu'il n'y en a pas.

Ce qui importe surtout, c'est d'établir, dans le sol, l'équilibre des éléments nutritifs des végétaux; ces éléments sont tous indispensables, ils se combinent, si la végétation est normale, dans des proportions particulières pour chaque espèce de plantes. « Or les récoltes se forment en raison de l'élément qu'elles trouvent en plus petite quantité, et tant qu'on n'a pas accru la proportion de cet élément, tous les autres restent en partie inutiles. » (E. RISLER. *Culture du blé;* page 25. — 1 vol. in-32, chez Hachette, 50 centimes.)

XVII. Expériences diverses.

Avec les élèves pourvus du certificat d'études, au cours supérieur ou complémentaire, on pourra étendre un peu le genre des démonstrations, en choisissant surtout celles qui ont pour but de faire ressortir les inconvénients d'un procédé routinier qui ne se justifie pas, ou de combattre l'un des nombreux préjugés qui règnent encore en maîtres dans nos campagnes.

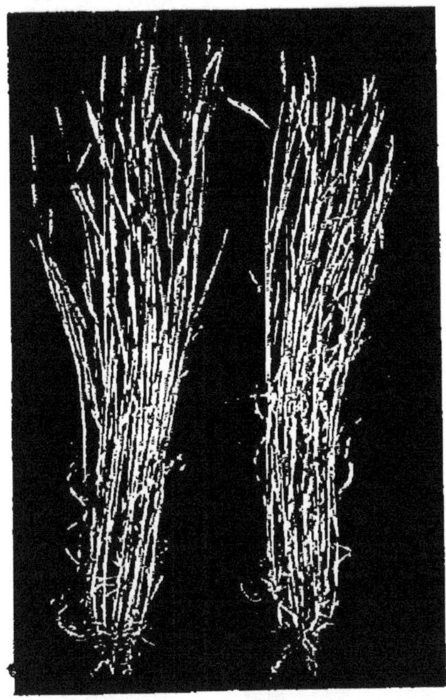

Ecole normale de Lescar.

| 38 tiges | 42 tiges |
| 25 fertiles | 31 fertiles |

55. Tallage.

55. Tallage. — « Qui sème dru récolte menu, et qui sème menu récolte dru » dit un vieux proverbe; on fera voir comment il s'applique par les semis en ligne, etc. Si l'on obtient, dans les essais, ou si l'on trouve de beaux exemples comme ceux de la figure 55, on en conservera un ou deux au musée scolaire.

56. Fonctions des feuilles. — Les feuilles élaborent les matériaux qui doivent s'accumuler dans le fruit ou dans certaines racines et tiges souterraines. Si donc on retranche des feuilles à un végétal, à une betterave par exemple, on diminue les réserves nutritives qui s'y rassemblent. La constatation est facile à faire : on compte le même nombre de pieds sur deux rangs voisins; on effeuille un rang en enlevant cinq ou six feuilles à chaque betterave, tous les quinze jours ; on pèse chaque fois les feuilles enlevées. A la récolte, le rang des betteraves effeuillées pèse moins que l'autre et la différence de poids est égale à peu près **au double** du poids des feuilles enlevées.

57. L'azote des légumineuses. — Certains faits d'expérience amènent souvent ceux qui les ont observés à des généralisations exagérées qui ont besoin d'être contrôlées et qu'il ne faut souvent accepter qu'avec une prudente réserve. Voici un exemple : il est aujourd'hui prouvé que les légumineuses peuvent emprunter tout leur azote à l'atmosphère; quelques agronomes en ont conclu que les engrais azotés sont inutiles dans la culture des végétaux de cette famille (luzerne, trèfle, sainfoin, etc.); l'expérience suivante nous montre une fois de plus qu'il ne faut rien exagérer.

On constate d'abord que les meilleurs résultats sont donnés par les cultures ayant un engrais azoté. Les pots n° 3 et 4 sont particulièrement intéressants : ils ont reçu tous deux de l'acide phosphorique et de la potasse, mais le n° 3

57. Culture de trèfle dans du sable.

| Témoin. | Engrais complet à azote nitrique. | Engrais sans azote. | Engrais sans azote + terreau. | Engrais complet à azote ammoniacal. |

n'a pas reçu d'engrais azoté, tandis que le n° 4 a reçu 100 grammes de terreau renfermant bien un peu d'azote, mais contenant surtout les micro-organismes nécessaires au développement, sur les racines, des nodosités qui sont le siège de l'absorption de l'azote atmosphérique. Le terreau est avantageusement remplacé, dans cette expérience, par de la terre tamisée prise dans un champ qui vient de porter une abondante récolte de trèfle ou, plus simplement encore, par l'eau de lavage de cette terre.

XVIII. Choix des semences, etc.

58. Sélection des semences. — Des graines de mauvaise qualité donnent rarement de belles récoltes ; la sélection des semences ou leur bon choix est un des premiers progrès à réaliser. Pour en faire ressortir l'importance, il suffit de semer, sur deux lignes voisines, le même nombre de grains pris à un épi de blé, les uns au milieu, les autres aux extrémités.

59. Profondeur des semis. — Chacun sait, dans le monde agricole, qu'un labour fait après semailles enterre une partie des graines à une profondeur trop grande pour que la gemmule puisse sortir de terre.

M. Risler a imaginé une expérience très simple pour mettre en évidence l'influence de la profondeur des semis : en la réalisant dans une caisse dont une paroi est vitrée, on obtient la disposition représentée ci-contre.

Une planchette AB, percée de trous, est placée obliquement dans une caisse, on met un grain de maïs dans chaque trou, les grains se trouvent ainsi à des profondeurs différentes ; la figure montre les conditions les plus favorables à la végétation.

École normale de Lescar.

59. Expérience de M. E. Risler
sur la profondeur des semis.

60. Essai des semences. — Il est très important de connaître la faculté germinative des graines employées comme semences ; on peut se renseigner à ce sujet d'une manière simple : dans un plat ou une assiette, on dispose une ou plusieurs rondelles de drap de même diamètre, ou encore plusieurs doubles de papier buvard que l'on maintiendra humide ; sur la surface on place cent graines et on laisse le tout dans une armoire, sur une étagère, peu importe, pourvu que la température de la pièce ne soit pas trop basse. On visite chaque jour l'expérience pour remplacer l'eau évaporée et retirer les graines à mesure qu'elles germent ; on note le nombre de ces graines et quand aucune graine ne germe plus, on compte ce qui reste. S'il y en avait la moitié, par exemple, il faudrait doubler la quantité de semence. Les stations agronomiques fournissent à cet égard tous les renseignements désirables. (V. page 213 les instructions pour l'achat et le contrôle des semences.)

XIX. Expériences au jardin.

61. Le jardin de l'école est le premier champ de démonstration; on y répétera, plus en grand, quelques-unes des expériences en pots, de manière à comparer l'action des divers engrais (exemple : *fig.* 61).

Une expérience analogue peut se faire sur les salades, les épinards, les haricots, les carottes, etc. ; les résultats sont aussi concluants si l'on opère dans un sol épuisé ou pauvre en engrais.

62. L'importance du **buttage** de certaines cultures sera mise en évidence en opérant comme l'indique la figure de la page 136 représentant une ligne de maïs butté et une autre ligne sans buttage; l'expérience réussit au moins aussi bien avec les pommes de terre.

École normale de Commercy.

61. Action des divers engrais en culture maraîchère.

On a repiqué des choux sur trois sillons : A, au fumier de ferme ; B, à l'engrais chimique complet ; C, sans engrais. La figure représente un des choux récoltés sur chacune des trois lignes.

Le **greffage**, qui ne s'apprend que par la pratique, sera l'objet de soins particuliers, surtout celui de la vigne dans les départements phylloxérés.

Si le jardin possède un **rucher**, on fera d'intéressantes observations, particulièrement au moment de la miellée (déterminer l'augmentation de poids d'une ruche, etc.). Voir l'*Apiculture moderne*, par A.-L. Clément, Librairie Larousse.

XX. Champ de démonstration.

Les conditions de réussite ou d'insuccès ont été exposées page 91 et suivantes; on donnera seulement ici deux exemples de dispositions rationnelles.

1° ÉCOLE DE BUSSY-LE-REPOS (Marne).

Résultats obtenus dans 4 parcelles d'un demi-are chacune (1892).

NUMÉROS.	NATURE ET QUANTITÉ DE L'ENGRAIS.	RENDEMENT		RENDEMENT à l'hectare	
		EN GRAIN.	EN PAILLE.	GRAIN.	PAILLE.
		kilogr.	kilogr.	quintaux.	quintaux.
1	Fumier 300 kilogr.........	7,7	13,8	15,4	27,6
2	Engrais chimique complet 6 kilogr...............	7,4	12,5	14,8	25,0
3	Sans engrais	4,1	9,7	8,2	19,4
4	Fumier 150 kilogr. + engrais chimique complémentaire...	8,6	16,6	17,2	33,2

Voir pages 218 et 219, la détermination de l'engrais complémentaire.

2° Reproduction des expériences décrites par M. L. Grandeau

dans l'instruction envoyée aux écoles primaires pour y être affichée.

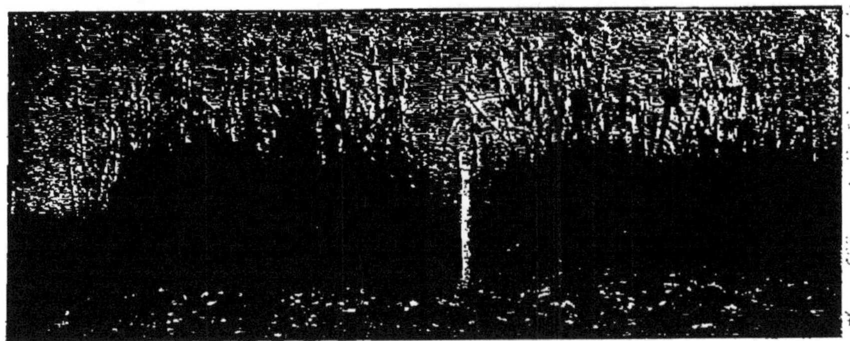

Témoin (sans engrais).   Avec nitrate seul.

École normale de Bonneville.

Phosphate seul.   Phosphate et nitrate.

Calcul des engrais (V. page 219). — On déterminera les quantités d'engrais à employer au moyen des deux tableaux suivants. Il sera nécessaire aussi d'en calculer la valeur en argent et de multiplier les exercices analogues à à ceux qui ont été donnés page 128.

TABLEAU I

Matériaux enlevés au sol par les récoltes.

SUBSTANCES DOSÉES dans 100 KILOGRAMMES DE RÉCOLTES.		POIDS EN KILOGRAMMES DES ÉLÉMENTS DOSÉS			
		AZOTE	Acide PHOSPHORIQUE	POTASSE	CHAUX
Froment.	grain	2,08	0,82	0,55	0,06
	paillle	0,32	0,23	0,49	0,26
Seigle	grain	1,76	0,82	0,54	0,36
	paille	0,24	0,19	0,76	0,31
Avoine.	grain	1,92	0,55	0,42	0,10
	paille	0,40	0,18	0,97	0,36
Orge.	grain	1,52	0,72	0,48	0,05
	paille	0,48	0,19	0,93	0,33
Sarrasin	grain	1,44	0,44	0,21	0,03
	paille	1,30	0,61	2,41	0,95
Maïs	grain	1,60	0,55	0,33	0,03
	paille	0,48	0,38	1,66	0,50
Vignes	hectolitres de vin.	0,02	0,03	0,10	0,02
	marcs	»	0,50	1,70	0,40
	feuilles	0,80	0,16	0,28	2,40
	sarments	0,20	0,04	0,30	0,52
Golza	grain	3,10	1,64	0,88	0,52
	paille	0,30	0,27	0,97	1,01
	silique	0,85	0,36	0,57	3,38
Lin	grain	3,20	1,30	1,04	0,27
	tiges	0,48	0,43	1,18	0,83
Chanvre.	grain	2,62	1,75	0,97	1,83
	paille	»	0,33	0,52	1,22
Carottes		0,21	0,11	0,32	0,09
Navets		0,13	0,11	0,31	0,08
Choux.		0,18	0,16	0,35	0,15
Betteraves fourragères		0,18	0,08	0,43	0,04
Betteraves à sucre		0,16	0,11	0,40	0,05
Topinambours (tubercules)		0,32	0,16	0,67	0,04
Pommes de terre (tubercules)		0,32	0,18	0,56	0,02
Herbe sèche (foin)		1,31	0,41	1,71	0,77
Trèfle rouge sec		2,13	0,56	1,95	1,92
Luzerne sèche.		2,30	0,51	1,52	2,88
Sainfoin sec		2,13	0,47	1,79	1,46
Vesces sèches		2,27	0,94	3,09	1,93
Sarrasin.		0,51	0,11	0,43	0,66

TABLEAU II

Engrais et litières

Composition moyenne **de 1 000 kilogrammes** de substances.

DÉSIGNATION DES MATIÈRES[1]	POIDS EN KILOGRAMMES DES ÉLÉMENTS DOSÉS				
	EAU	AZOTE	acide PHOSPHORIQUE	POTASSE	CHAUX
FUMIER FRAIS — de cheval...	713	5,8	2,8	5,3	2,1
— bœuf et vache....	775	3,4	1,6	4,0	3,1
— mouton....	646	8,3	2,3	6,7	3,3
— porc....	724	4,5	1,9	6,0	0,8
d'étable (mélangé)...	750	3,9	1,8	4,5	4,9
— 1/2 consommé...	750	5,0	2,6	6,3	7,0
— très —	790	5,8	3,0	5,0	8,8
Purin...	982	1,5	0,1	4,9	0,3
Fèces humaines fraîches...	772	10,0	10,9	2,5	6,2
Urine humaine fraîche...	963	6,0	1,7	2,0	0,2
Vidange liquide...	955	5,5	2,8	2,0	1,0
Excréments frais d'oies...	771	5,5	5,4	9,5	8,4
— — de canards...	566	10,0	14,0	6,2	17,0
— — de poules...	560	16,3	15,4	8,5	24,0
— — de pigeons...	519	17,6	1,9	10,0	16,0
Guano vrai (Pérou)...	150	70	140	33	125
Hannetons frais...	706	35	6	5	1
Sang desséché...	121	101	9	6	8
Corne, produit brut...	89	102	55	56	67
Os — ...	50	40	257	»	313
Charbon d'os...	80	7	290	1	400
Déchets de laine...	101	57	13	3	5
— cuir...	81	57	7	4	5
Cendres de bois...	50	»	30	80	330
Marc de raisin...	650	»	5	17	4
LITIÈRES DIVERSES[2] Fougère, joncs, carex...	200	»	4	20	5
Bruyère...	200	10	1	2	4
Genêt...	250	»	1	5	2
Roseaux...	180	»	2	6	5
Mousse...	250	»	3	3	3
Feuilles sèches...	140	10	2	3	20
— d'arbres résineux.	475	5	2	1	3

1. Le titre des principaux engrais commerciaux est variable et le vendeur est tenu, sous peine d'amende (Loi du 4 février 1888, art. 4), de le faire connaître à l'acheteur.

2. La composition des pailles est donnée au tableau I.

Paris. — Imp. LAROUSSE, 17, rue Montparnasse.

www.ingramcontent.com/pod-product-compliance
Ingram Content Group UK Ltd.
Pitfield, Milton Keynes, MK11 3LW, UK
UKHW021125140726
13695UKWH00004B/1708